Natural History Museum (Hrsg.)

Naturerkundungen mit Skizzenheft und Staffelei

23 Forschungsreisende aus vier Jahrhunderten

übersetzt von Wiebke Krabbe

Haupt
NATUR

Der Haupt Verlag
wird vom Bundesamt
für Kultur mit einem
Strukturbeitrag für
die Jahre 2016–2020
unterstützt.

Die englische Originalausgabe
erschien 2019 unter dem Titel *Nature's Explorers. Adventurers who recorded the wonders of the natural world*

1. Auflage 2019

Diese Publikation ist in der Deutschen Nationalbibliografie verzeichnet. Mehr Informationen dazu finden Sie unter http://dnb.dnb.de.

ISBN: 978-3-258-08119-9

Layout: Bobby Birchall, Bobby&Co.
Reproduktionen: Saxon Digital Services UK
Übersetzung ins Deutsche: Wiebke Krabbe, D-Damlos

Printed in China

Swiss Climate CO_2neutral Transport

Um lange Transportwege zu vermeiden, hätten wir dieses Buch gerne in Europa gedruckt. Bei Lizenzausgaben wie diesem Buch entscheidet jedoch der Originalverlag über den Druckort. Der Haupt Verlag kompensiert mit einem freiwilligen Beitrag zum Klimaschutz die durch den Transport verursachten CO_2-Emissionen und verwendet FSC-Papier.

INHALT

VORWORT

Was treibt uns an, neue Länder zu erkunden, neue Lebensformen und Kulturen zu entdecken und zu Hause von unseren Beobachtungen und Funden zu erzählen? Dieses kostbare Buch beleuchtet solche Fragen durch das Leben einiger der größten Entdeckerinnen und Entdecker anhand deren gesammelter Exemplare, der von ihnen geschriebenen Briefe und der Kunst, die sie geschaffen haben, um ihre Entdeckungen aufzuzeichnen.

Diese Forschungsreisenden haben unsere Sicht der Natur – und unsere Ansichten über unseren Platz darin – entscheidend beeinflusst. Ihr Leben und Handeln geht letztlich auf das Zeitalter der Aufklärung zurück. Damals begann man in der westlichen Welt, die Gesetze, die auf unserem Planeten herrschen, zu hinterfragen. Zuvor basierte das Weltbild der Menschen hauptsächlich auf Mythen und Legenden, die durch uralte Bücher und vor allem das gesprochene Wort von Generation zu Generation weitergegeben wurden. Auch Aberglaube war sehr verbreitet. All das geriet ins Wanken, als durch verschiedene Entdeckungen klar wurde, dass unserer Welt auch logische Zusammenhänge und überprüfbare Fakten zugrunde liegen. Damit wurde der modernen Naturwissenschaft, Medizin und Technologie der Weg geebnet. Es ist unbestritten, dass das Zeitalter der Vernunft für die Menschheit ein enormer Schritt vorwärts war.

Viele der Forscherinnen und Forscher, denen wir in diesem Buch begegnen, segelten sozusagen im Kielwasser der großen Mathematiker, Physiker und Chemiker. Ausgestattet mit neuem Wissen – und neuem intellektuellem Selbstbewusstsein – zogen sie los, um die Natur zu erklären. Die neuen »Entdeckungen« Amerikas und Australasiens erweiterten die limitierte Vorstellung der Welt und sprengten ihre bislang bekannten Grenzen. Diese Umwälzungen betrafen auch das Verständnis der Natur, denn auf den neu entdeckten großen Kontinenten entdeckte man völlig neue Kreaturen – Tiere wie Pflanzen. Viele von ihnen standen im Widerspruch zu Theorien, die man aufgrund bekannter Arten in der Alten Welt entwickelt hatte.

Aufgrund der Erkenntnisse, die man durch neue Landschaften und Arten in Amerika und Australasien gewonnen hatte, wurden bald auch Expeditionen durch Afrika, Süd- und Südostasien und die Polargebiete durchgeführt. Am wichtigsten ist vielleicht, dass man begann, auch die Ozeane systematisch zu erforschen. Letztlich haben die frühen Forschungsreisenden eine erste große Bestandsaufnahme unseres Planeten, seiner Lebensformen und seiner Menschen vorgenommen. Damit haben sie unser Verständnis der Natur ebenso nachhaltig beeinflusst, wie Bacon, Newton, Kepler und Boyle unsere Vorstellungen von Energie und Materie revolutioniert haben. In dieser Zeit entstanden moderne Forschungsgebiete wie physikalische Geografie, Taxonomie und Systematik, Evolutionsbiologie, Ökologie, Ozeanografie und Anthropologie.

Die Expeditionen, von denen in diesem Buch die Rede ist, haben den Boden für spätere Generationen von Forschern bereitet. Es ist faszinierend, die Welt durch die Brille der frühen Forscher zu sehen und sich bewusst zu machen, vor welchen Herausforderungen sie standen. Sie waren Pioniere, die sich durch tropische Urwälder schlugen, Hochgebirgspässe suchten, tückische Gletscherfelder und Wüsten durchquerten oder über die großen Ozeane segelten. Sie stellten die Grenzen unseres Wissens infrage und setzten dafür ihr Leben aufs Spiel. Ihr Geist lebt in einer neuen Generation von Entdeckern weiter.

Heute stehen wir auf der Schwelle eines neuen Zeitalters der Entdeckungen. Moderne Technik erlaubt es uns, Wissensgrenzen erneut zu durchbrechen und Regionen zu erforschen, die uns bisher nicht zugänglich waren – vor allem über die Ozeane und ferne Planeten werden die Menschen in den nächsten zehn Jahren zweifellos mehr erfahren als je zuvor. Nach vielen Generationen werden wir zum ersten Mal wieder völlig unbekanntes Terrain erkunden und vielleicht Geschöpfe vorfinden, die unsere bisherigen Annahmen über unsere Herkunft erschüttern.

Dieses neue Zeitalter der Entdeckungen bezieht sich aber nicht nur auf Missionen in die Tiefsee oder den Weltraum. Jeder von uns kann heute Wege beschreiten, die früher nur den Forschungsreisenden zugänglich waren. Wir alle können Entdecker sein. Aber was finden wir? Hier und da gibt es noch echte Wildnis. Viele Landschaften und Geschöpfe, die frühe Forscher faszinierten, sind in den folgenden Jahrhunderten durch menschliches Zutun dezimiert worden oder verschwunden. Wir sind noch immer aufgefordert, die Welt zu erforschen und von unseren Entdeckungen zu berichten. Vor allem müssen wir unser Wissen aber nutzen, ein ausgewogenes Verhältnis zwischen der Natur und den Bedürfnissen der Menschen zu finden. An den mutigen und ambitionierten Forschern, die wir in diesem Buch kennenlernen, können wir uns alle ein Beispiel nehmen.

Ian Owens
Stellvertretender Leiter, Smithsonian National Museum of Natural History und Wissenschaftlicher Leiter, Natural History Museum, London (Oktober 2011 bis Januar 2019)

GRACE TOUZEL

MARIA SIBYLLA MERIAN

Künstlerin und Forscherin

Mit bemerkenswertem Blick für Details und künstlerischem Talent schuf Maria Sibylla Merian eine Vielzahl naturkundlicher Gemälde und Stiche. Ihre außergewöhnlich schönen Darstellungen südamerikanischer Insekten und Pflanzen lieferten angesehenen Forschern wie Sir Hans Sloane, James Petiver und Carl von Linné eine Grundlage für die taxonomische Beschreibung. Merian interessierte sich vor allem für Entomologie und Botanik. Ihre Motive zeigen hauptsächlich die Lebenszyklen und Metamorphosen von Insekten sowie deren Futterpflanzen. Angesichts der Schönheit der Werke vergisst man leicht, dass die Zeichnerin »erstaunlicher, seltener, nie zuvor gesehener Dinge« auch eine engagierte Naturforscherin war.

Einen Schwerpunkt in Merians Werk bildet Surinam an der Nordostküste Südamerikas. Zwar gab es bereits Veröffentlichungen zur Naturkunde dieses Gebietes, doch ihre Arbeiten waren von herausragender Qualität. Frühere Werke wie Willem Pisos *Historia Naturalis Brasiliae* (1648) waren nur mit groben Holzschnitten illustriert und überließen das Aussehen von Flora und Fauna weitgehend der Fantasie des Lesers. Merians Bilder zeigten Pflanzen und Tiere erstmals in Farbe und voller Details.

Ihr Vater Matthias Merian, ein erfolgreicher Kupferstecher, starb, als Maria Sibylla erst drei Jahre alt war. Ihr Stiefvater, der Kunstmaler Jacob Marrel, förderte ihr

Genaues Hinschauen war Merian außerordentlich wichtig.
Die vergrößerten Flügel dieser Morpho-Falter *(Morpho menelaus)* bezeichnete sie als »sehenswert, denn man kann sie nicht beschreiben.«

Merians Forscherdrang hatte manchmal grausame Züge. Frösche wie den Giftlaubfrosch (Trachycephalus venulosus) legte sie in Branntwein, um den Laichvorgang zu unterbrechen.

Talent. Im Alter von 13 Jahren begann Maria Sibylla, Seidenraupen zu züchten und zu beobachten. Sie war fasziniert von der Metamorphose der Insekten. Ihr künstlerisches Talent entwickelte sich weiter, aber ihrem gleichermaßen realistischen und ästhetischen Stil blieb sie weitgehend treu. 1665 heiratete Maria Sibylla den Maler Johann Andreas Graff, einen ehemaligen Schüler ihres Stiefvaters. Johanna Helena, die erste Tochter des Paares, kam 1668 in Frankfurt zur Welt. 1670 zog die Familie nach Nürnberg um. Maria Sibylla trug durch den Verkauf von Zeichnungen, Gemälden und Stichen mit Naturmotiven zum Familieneinkommen bei. Da sie Geschick für Handarbeiten besaß, veröffentlichte sie Vorlagensammlungen für Stickarbeiten, hauptsächlich mit botanischen Motiven. Außerdem gab sie Töchtern wohlhabender Familien Malunterricht. Auch der Verkauf von Farben an ihre Schülerinnen warf Gewinn ab.

1678 wurde die zweite Tochter, Dorothea Maria, geboren und die Familie zog nach Amsterdam um. 1679 veröffentlichte Merian ihr erstes wissenschaftliches Werk, *Der Raupen wunderbare Verwandelung und sonderbare Blumennahrung,* das auf ihren jahrelangen Studien beruhte. Der zweite Teil wurde 1683 veröffentlicht. Im gleichen Jahr kehrte sie nach Frankfurt zurück, vordergründig, um den Nachlass ihres Stiefvaters Jacob Marrel zu regeln. Ihr Ehemann, der von einem Autor als »geistig und moralisch weit unter dem Niveau seiner Frau« beschrieben wurde, blieb zunächst in Nürnberg.

1685 trennte sich das Paar nach zwanzigjähriger Ehe. Später im gleichen Jahr reiste Maria Sibylla, die sehr religiös war, mit ihrer Mutter und ihren Töchtern ins niederländische Friesland. Dort schloss sie sich der Sekte der Labadisten an, der

Wespen fand Merian ausgesprochen lästig. Aus den Larven auf diesem Blatt entwickelten sich adulte Tiere, die Erdnester in der Nähe ihres Malkastens bauten und um ihren Kopf schwirrten.

auch ihr Bruder Caspar angehörte, und die auf Schloss Waltha-State Zuflucht gefunden hatte. Da die Gemeinschaft Ehen, die außerhalb der Sekte geschlossen wurden, nicht anerkannte, betrachtete Maria Sibylla sich als geschieden und nahm ihren Mädchennamen wieder an.

Das Schloss gehörte der Familie von Cornelis Aerssen van Sommelsdijck, dem ersten Gouverneur von Surinam, und verfügte über eine bemerkenswerte Sammlung südamerikanischer Schmetterlinge, von der Merian fasziniert war. Ihr Bruder starb 1686 auf Schloss Waltha. Nur vier Jahre später verstarb auch ihre Mutter. Merian selbst blieb ein weiteres Jahr auf Schloss Waltha, bevor sie im Alter von 44 Jahren nach Amsterdam umzog. Ihre Töchter Johanna und Dorothea waren damals 23 und 13 Jahre alt. 1692 heiratete Johanna Helena den Kaufmann Jacob Hendrik Herolt, der den Labadisten angehörte. Er verfügte über gute Kontakte zur niederländischen Kolonie Surinam, reiste häufig dorthin und kehrte mit Handelswaren zurück. Zweifellos weckten die exotischen Geschöpfe, die in der blühenden Hafenstadt Amsterdam angelandet wurden, Merians Interesse an Surinam.

Im 17. Jahrhundert kam es im Zuge der Kolonialisierung wiederholt zu Auseinandersetzungen zwischen England und den Niederlanden, meist über Gebiete und Handelsrouten. 1667 wurde der zweite Englisch-Niederländische Seekrieg durch den Frieden von Breda beendet. England erkannte die niederländische Herrschaft in Surinam an und behielt dafür die Kolonie Nieuw Nederland in Nordamerika, aus der später die Staaten New York, New Jersey, Delaware und Connecticut hervorgingen.

Merian war fasziniert von den exotischen Arten, bedauerte aber, dass es kaum Informationen über deren Biologie und Ökologie gab. Eine Reise nach Surinam

P. Sluyter Sculp.
18

konnte sie zunächst nicht finanzieren, weil sie ihre Ersparnisse den Labadisten übereignet hatte. So verkaufte sie in den folgenden Jahren nicht nur Bilder, sondern auch Teile ihrer eigenen Sammlung. 1699 setzte sie ein Testament auf und bestieg mit ihrer jüngeren Tochter ein Schiff mit Ziel Südamerika. Merian war damals 52 Jahre alt, ihre Tochter Dorothea Maria 21.

Die Merians ließen sich in der Hauptstadt Paramaribo nieder, dessen Hafen ein wichtiges Handelszentrum war. Jedoch war die Bevölkerungsdichte im Vergleich zu Amsterdam, dem blühenden Zentrum der Kunst, Kultur und Wissenschaft, so gering, dass die beiden Frauen wohl einen Kulturschock erlitten. In Paramaribo lebten nur etwa 600 Niederländer sowie eine Handvoll französischer und englischer Siedler. Die beiden Künstlerinnen begannen bald, außerhalb liegende Plantagen zu besuchen, die Niederländern gehörten, um von dort Exkursionen in die Natur zu unternehmen. Wie damals üblich, waren die Plantagenarbeiter größtenteils Sklaven.

Die niederländischen Siedler, die hauptsächlich vom Zuckeranbau lebten, staunten über die Hingabe der Merians für die Naturforschung. Das abwechselnd warmfeuchte, warmtrockene Klima war ideal für die tropische Fauna, aber für Frauen in westlicher Kleidung sehr unangenehm. Darum waren sie oft nachts unterwegs. Sklaven von den Plantagen und Angehörige einheimischer Stämme waren als Führer dabei. Sie schlugen Wege durch den Dschungel frei, zeigten den Forscherinnen einheimische Pflanzen und Insekten und berichteten ihnen von deren Verwendung. Merian würdigte diese Beiträge in ihren Veröffentlichungen und bemühte sich, auch die einheimischen Namen von Pflanzen und Tieren zu nennen. In ihren wissenschaftlichen Notizen finden sich viele ethnografische Beobachtungen, von denen einige belegen, dass sie die Sklaverei entschieden ablehnte. So vermerkte sie, viele Sklaven würden lieber sterben und auf die Wiederauferstehung hoffen, als langfristig in Knechtschaft zu leben. Neben Pflanzen, die in der Volksheilkunde zur Wundheilung und als Abführmittel eingesetzt wurden, beschrieb sie auch den Pfauenstrauch *(Caesalpina pulcherrima),* den schwarze Frauen aus Guinea und Angola für Abtreibungen verwendeten, um zu verhindern, dass ihre Kinder als Sklaven geboren wurden.

Die beiden Frauen waren von der Flora und Fauna Surinams begeistert. Sie dokumentierten die unbekannten, farbenfrohen Früchte nicht nur, sondern kosteten

Obwohl Merians Bilder sehr lebendig wirkten, zogen spätere Wissenschaftler wie Alexander Macleay diese und andere Tafeln heran, um auf Fehler hinzuweisen und Merians Werk als »Gespinst von Falschheiten« zu kritisieren.

sie auch. Bananen, Melonen, Kakao und Ananas waren neu für Merian, schmeckten ihr aber. Die Ananas beschrieb sie als »die bemerkenswerteste aller essbaren Früchte«. Wie zuvor in Amsterdam und Nürnberg züchtete Merian in ihrem Haus Pflanzen und Tiere, um sie zu malen. Später räumte sie ein, dass sie enttäuschend wenig Gelegenheit gehabt habe, sie zu beobachten. Viele Exemplare wurden getrocknet oder in Branntwein eingelegt, um sie nach Amsterdam schicken zu können.

Merian selbst kehrte früher als geplant nach Amsterdam zurück, weil sie schwer erkrankte. Unklar ist, ob sie an Malaria oder Gelbfieber litt. Sie entschloss sich, mit ihrer Tochter ein Schiff in die Heimat zu besteigen. Im Gepäck hatten sie Hunderte von Proben, Zeichnungen und Gemälden, die sie in den zwei Jahren ihres Aufenthalts in Surinam zusammengetragen hatten. Trotz ihres angegriffenen gesundheitlichen Zustands behielt Merian ihren Elan und nahm mehrere Echseneier mit an Bord, um das Schlüpfen der Jungen beobachten zu können. Ärgerlicherweise lief das Schiff noch im Hafen von Paramaribo auf Grund, und die komplette Fracht musste umgeladen werden. Erst nach einer dreiwöchigen Auseinandersetzung über die Frage, wer die Kosten für diesen Zwischenfall zu tragen habe, trat das Schiff die zweimonatige Reise nach Europa an. Im September 1701 gingen Merian und ihre Tochter in Amsterdam von Bord.

Trotz ihrer zweijährigen Abwesenheit genoss Merian noch einen guten Ruf als Künstlerin und erhielt von einer Galerie einen lukrativen Auftrag für 54 Aquarelle. Daneben malte sie die Illustrationen für ihr Werk über Surinam, meist zwei Aquarelle pro Woche. 15 Monate lang hielt sie die Doppelbelastung von bezahlter und unbezahlter Arbeit durch. Danach hatte sie 119 Bilder geschaffen, darunter 60, von denen Stiche für ihr Buch hergestellt wurden. Spätere Ausgaben enthalten weitere 30 Bildtafeln, die als weniger fein ausgearbeitet gelten. Möglicherweise wurden sie von einer von Merians Töchtern gefertigt, die ebenfalls talentierte Künstlerinnen waren. Vielleicht zeugt der Qualitätsunterschied auch von Merians zunehmender Schwäche. Die erste Ausgabe der *Metamorphosis insectorum Surinamensium* wurde 1705 veröffentlicht und fand großen Anklang. Sie erschien zuerst in Niederländisch und Latein, dann folgten Ausgaben in Deutsch und Französisch und schließlich, auf Wunsch der Leserschaft, auch in englischer Sprache.

Merian verglich fremdartige essbare Pflanzen oft mit europäischen Arten, damit sich ihre Leser den Geschmack vorstellen konnten. Den Geschmack der Süßkartoffel beschrieb sie als süßlich, ähnlich wie weiche Esskastanien.

J. Mulder Sculps.

P. Sluyter Sculp

Merian ging es weniger darum, Profit zu erwirtschaften, als die Kosten ihrer Reise zu decken. Sie wollte mit ihren Werken »sowohl Kunstkenner als auch Laien, die sich für Insekten und Pflanzen interessieren« ansprechen. In ihren Bemühungen, Leser für das Buch zu gewinnen, war sie ähnlich unermüdlich, wie früher darin, einen nennenswerten finanziellen Beitrag zum Haushalt Merian/Graff zu leisten. Sie korrespondierte mit mehreren Wissenschaftlern in ganz Europa, darunter dem berühmten englischen Naturforscher James Petiver. In mehreren Briefen an Petiver empfahl Merian ihre Arbeiten, erwog die Veröffentlichung in englischer Sprache und bat ihn um Unterstützung bei der Akquise von Händlern und Abonnenten in England.

Die Texte in ihrem Buch beschränkte Merian auf ein Minimum. Der Betrachter sollte aus den Abbildungen seine eigenen Schlüsse ziehen, »denn die Welt ist heutzutage empfindlich und die Gelehrten vertreten verschiedene Meinungen«. Dennoch war ihr Werk vor allem im 19. Jahrhundert durchaus umstritten. Naturforscher wie Reverend Lansdown Guilding und Alexander Macleay kritisierten jede einzelne Tafel ihrer *Metamorphosis* und bezeichneten die Illustrationen als »nutzlos«, »ausgedacht« und in einem Fall sogar als »entomologische Karikatur«. Trotz Fürsprache von Wissenschaftlern wie Henry Walter Bates wurde Merians Werk hauptsächlich wegen seiner Ästhetik und weniger wegen der wissenschaftlichen Genauigkeit geschätzt. Erst im späten 20. Jahrhundert sah man Merians Werk wieder als Dokument des wissenschaftlichen Kenntnisstandes ihrer Zeit.

Merian bemühte sich, ihre Studien in einen größeren wissenschaftlichen Kontext zu stellen. Sie notierte anerkannte lateinische Namen, aber auch einheimische Namen und Verwendungsweisen, und sie würdigte den Einfluss von Wissenschaftlern wie Thomas Mouffet, Johannes Goedart und Jan Swammerdam. Ihrerseits beeinflusste sie Naturforscher wie Carl von Linné, Pieter Cramer, Hans Sloane und Dru Drury. Sie war aber nicht nur als Forscherin einflussreich. Naturhistorische Künstler wie Albertus Seba, Augustin Roesel von Rosenhof und John James Audubon knüpfen unverkennbar an ihren Stil an. Naturkundliche Illustrationen waren keineswegs neu, bahnbrechend waren aber Merians Darstellungen der symbiotischen Beziehungen zwischen Insekten und Pflanzen. Jahrzehntelanger Forschungsarbeit ist es zu verdanken, dass sie aufgrund empirischer Beobachtungen Schlussfolgerungen über die Natur ziehen konnte.

Merian interessierte sich für die traditionelle Verwendung von Pflanzen in ihren Herkunftsländern. Von Sklavinnen erfuhr sie, dass der Pfauenstrauch *(Caesalpina pulcherrima)* für Schwangerschaftsabbrüche eingesetzt wurde.

VICTORIA R. M. PICKERING

MARK CATESBY

Erforschung und Darstellung der Neuen Welt

Ein Porträt des englischen Naturforschers Mark Catesby scheint nicht zu existieren. Das sollte jedoch nicht darüber hinwegtäuschen, dass seine beiden Atlantiküberquerungen im frühen 18. Jahrhundert für die Naturkunde von großer Bedeutung waren. Bei diesen Reisen handelte es sich nicht nur um Abenteuer, denn es waren Menschen beteiligt, die privates, berufliches oder wirtschaftliches Interesse an der Natur hatten. Außerdem sind sie in einem größeren Kontext der damaligen Forschung und des Kolonialismus zu verorten. Catesby brach auf, um Amerika zu entdecken – genauer, um die dortige Natur zu studieren und Proben zu sammeln. Die Zeit, die er zunächst in Virginia und später im Südosten der heutigen USA und auf den Bahamas verbrachte, wurde zur Grundlage für eine der bedeutendsten naturwissenschaftlichen Veröffentlichungen seiner Zeit. Catesbys *The Natural History of Carolina, Florida and the Bahama Islands* war das erste Werk, in dem Flora und Fauna dieses Teils von Nordamerika beschrieben und mit Illustrationen veranschaulicht wurde.

Catesby wurde am 24. März 1682 in dem englischen Ort Sudbury geboren. Im April 1712 reiste er mit seiner Schwester nach Williamsburg, der Hauptstadt von Virginia. Dort lernte er viele einflussreiche, wohlhabende und mächtige Landbesitzer kennen. Einer davon war William Byrd II, den er später auf Reisen in die Umgebung

Catesbys Zeichnung einer Koralle und eines Flamingos. Er notierte dazu, die Zunge des Vogels sei »in der römischen Antike wegen ihres exquisiten Geschmacks hoch geschätzt« worden.

T. 73

begleitete, um die Natur des Landes kennenzulernen. Catesby, der sich seit seiner Jugend für die Botanik interessierte, trug eine beachtliche Sammlung von Pflanzenproben zusammen, an denen er sorgfältig Schilder mit Informationen befestigte. Während des Aufenthalts in Amerika fertigte er Zeichnungen von Pflanzen und Tieren an, sodass er 1719 mit einem umfangreichen Wissen über die Natur der Neuen Welt nach England zurückkehrte. Verschiedene Botaniker, Gärtner und Gartenbauexperten – unter ihnen der Arzt und Sammler Hans Sloane und der hochgeschätzte Botaniker William Sherard – waren von Catesbys Arbeit ebenso beeindruckt wie von der Möglichkeit, dass er weitere Proben aus der Neuen Welt sammeln könnte. Gemeinsam bestärkten sie Catesby darin, eine zweite Reise zu unternehmen, um anschließend eine Naturgeschichte von Carolina zu veröffentlichen.

Der bekannte Londoner Apotheker Samuel Dale beispielsweise schrieb 1719 an William Sherard, es sei »ein Jammer, dass sich keine Unterstützung für ihn findet. Er könnte einen großen Beitrag leisten, die Naturkunde zu ergänzen«. Im folgenden Jahr sandte Sherard ein Schreiben aus London an den Naturforscher Richard Richardson in York. Darin hieß es: »Mr. Catesby, ein [Gentleman] mit bescheidenem Vermögen, hat bei Verwandten in Virginia gelebt. Er besitzt recht gute Kenntnisse der Naturkunde und kann hervorragend zeichnen und aquarellieren. Er wird mit General Nicholson, dem Gouverneur von Carolina, erneut reisen«. Sherard erklärte weiter, er und andere seien bemüht, finanzielle Mittel für Catesbys erneute Reise nach Amerika einzuwerben. Immerhin war dieser auf einer Konferenz der Royal Society 1720 als »sehr geeignete Person, die Besonderheiten des Landes zum Nutzen der [Royal] Society zu studieren« bezeichnet worden.

Finanziert wurde Catesbys zweite Amerikareise schließlich vom Kolonialgouverneur Sir Francis Nicholson und einer kleinen Gruppe englischer Förderer, darunter Sir Hans Sloane und einige seiner Zeitgenossen, etwa Charles Dubois und der Arzt Richard Mead. Diese Männer standen als Angehörige des Royal College of Physicians der Medizin oder als Mitglieder der Royal Society der Naturphilosophie nahe. Manche waren Angehörige der Britischen Ostindien-Kompanie. Sie alle besaßen internationale Verbindungen in einflussreiche Kreise und waren aus wissenschaftlichen, wirtschaftlichen oder privaten Gründen an der Erschließung der Kolonien interessiert.

Anfang Februar 1722 ging Catesby in England an Bord des Schiffes, das ihn zum zweiten Mal nach Amerika brachte. Aus seinen Aufzeichnungen geht hervor, dass er schon vor der Ankunft in Carolina mit seinen naturkundlichen Studien begann.

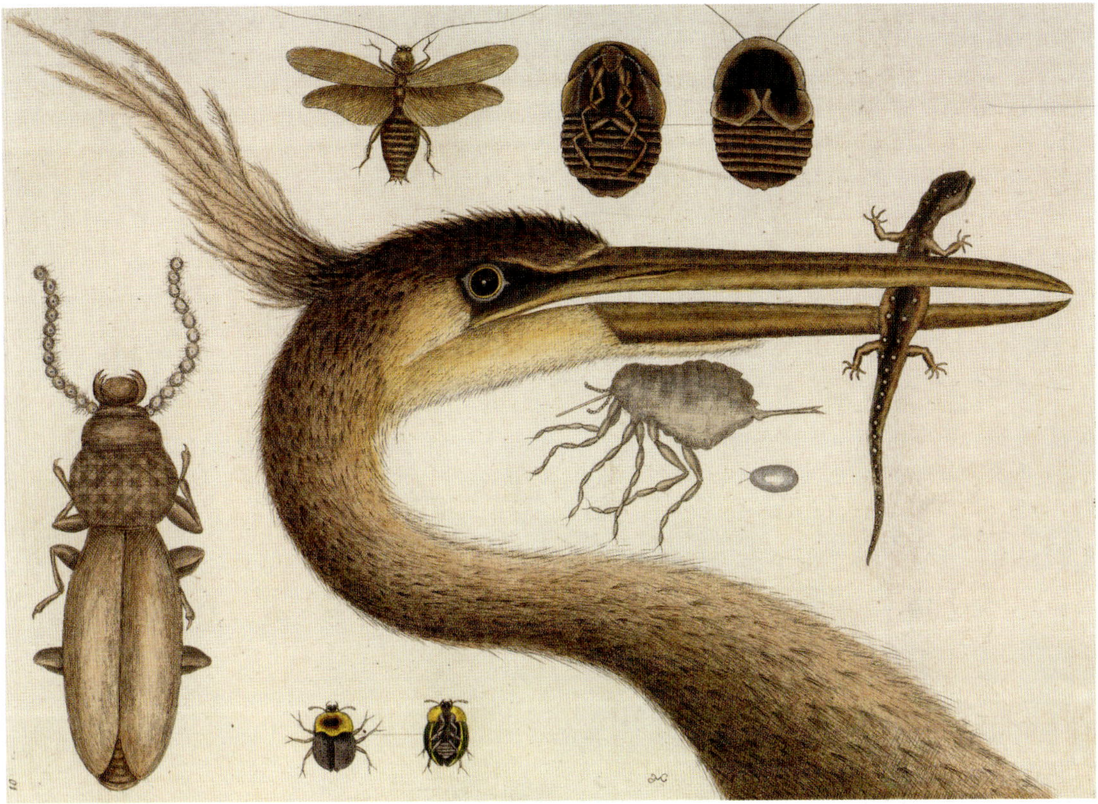

Die Komposition dieser Illustration verrät, dass Catesby sich für Insekten, Vögel und Pflanzen gleichermaßen interessierte. Hier sind auch Exemplare abgebildet, die er nicht gesammelt hat, etwa der amerikanische Aaskäfer, der ihm aus Pennsylvania geschickt wurde.

Er notierte, dass er in den Gewässern um die Kanarischen Inseln Eulen und andere Vögel über dem Schiff gesichtet hatte, und dass vor der Küste Amerikas »verschiedene andere Vögel an Bord« gekommen seien, sodass er sie, ebenso wie einige Fische, gut habe beschreiben können. Im Mai 1722 ging Catesby wohlbehalten in Charleston (damals »Charles Town«) von Bord.

Wohlgemerkt war diese Reise fremdfinanziert und Catesby hatte von seinen Geldgebern klare Instruktionen erhalten. Sowohl aus seiner Korrespondenz als auch aus seinen Sammelaktivitäten ist abzulesen, dass er gewisse Erwartungen zu erfüllen hatte. Seine Geldgeber wünschten, Proben neuer und unbekannter Tier-

6

und Pflanzenarten sowie im Feld gefertigte Zeichnungen zugesandt zu bekommen. Unmittelbar nach seiner Ankunft in Charleston schrieb Catesby an Sherard: »Wie Sie verlangt haben, ergreife ich die erste Gelegenheit, um Sie von meiner Ankunft am 3. Mai in Kenntnis zu setzen«, und fuhr fort: »Ich habe gehört, dass es an den Flüssen zahlreiche Fossilien und Versteinerungen gibt, und dass dort noch keine Pflanzen gesammelt wurden. Darum hoffe ich, Ihre Wünsche in gewissem Umfang erfüllen zu können. Dies wird stets mein äußerstes Bestreben sein«.

Catesby schickte regelmäßig Berichte über seine Exkursionen, Begegnungen, Sammelaktivitäten und Fortschritte in die Heimat. Allerdings war er beim Erkunden, Sammeln und Beobachten gelegentlich auch frustriert über die mangelnde Kommunikation und die unklaren Vorgaben mancher Geldgeber. Schließlich wollte er keine Zeit mit dem Sammeln und Zeichnen von Arten verschwenden, die nicht gefragt waren. In einem Brief an Sherard schrieb er: »Ich wüsste gern, ob Sir Hans [Sloane] und Mr. Dubois separate Sammlungen erwarten, oder ob Proben für die Herren mit den Ihren zusammen verschickt werden können. Letzteres würde weniger Zeit kosten und mir ermöglichen, eine größere Vielfalt zu senden«. Im folgenden Jahr schrieb Catesby am 12. März 1723 direkt an Sloane, er sei »im Unklaren und würde gern von Ihnen hören, ob präparierte Vögel aller Art akzeptabel sind oder nur solche von ungewöhnlicher Form oder Farbe«.

In einem Brief, den Catesby 1724 an Sloane schickte, brachte er seine Unsicherheit in Bezug auf die Sammlungen für seine Geldgeber noch deutlicher zum Ausdruck. »Ich hatte nicht angenommen, dass von mir erwartet werde, Pflanzensammlungen und vor allem Zeichnungen an jeden meiner Geldgeber zu senden. Meine Absicht war (und hierzu bitte ich um Ihren Rat), meine Zeichnungen zusammenzuhalten, um später Stiche davon anfertigen zu lassen und diese für die Veröffentlichung der *History of the Birds and other Animals* zu verwenden. Es ist für den Zeichner frustrierend, sein Werk zu verteilen, und den Empfängern nützt es wenig, nur einen Bruchteil des Ganzen zu besitzen. Dass ich überdies von allem, was ich sende, Duplikate zeichnen muss, kostet viel Zeit. Das bewirkt, dass ich langsam vorankomme und weniger senden kann, als wünschenswert wäre«.

Catesby machte sich vor allem Sorgen, dass die Zeit für das Sammeln, Zeichnen und Übermitteln von Beobachtungen an seine europäischen Geldgeber die Arbeit

Die Abbildung der Kakaopflanze aus dem Anhang von Catesbys *Natural History* zeigt, wie geschickt er darin war, die verschiedenen Pflanzenteile und ihren Lebenszyklus zeichnerisch zu erfassen.

Das Zusammenspiel von Pflanzen und Insekten faszinierte Catesby. Diese Zeichnung zeigt die Art *Coccoloba diversifolia* zusammen mit der Raupe der Königsmotte.

an seiner *Natural History* verlangsamte, die doch einer der Hauptgründe für seine Reise in die Neue Welt war.

Trotz der manchmal schwierigen Kommunikation mit seinen Geldgebern gelang es Catesby, beachtliche Sammlungen der Flora und Fauna Amerikas nach England zu schicken. So sandte er an »Dr. Mead eine große Flasche mit Schlangen« und an Sloane »Zweige, Samenbehälter und Samen einer schönen blau blühenden Acacia«. Sloane nahm sie als Nummer 8410 in seine umfangreiche botanische Sammlung auf, die er selbst »Vegetables and Vegetable Substances« nannte. Weiterhin schickte Catesby »einen indianischen Schurz aus der Rinde der wilden Maulbeere« und »eine Art Korb aus gespaltenem Schilfrohr«. Die Korbflechterei sah er als einziges erwähnenswertes Handwerk der Einheimischen an. Aus seinen Briefen geht hervor, dass er auch Fossilien, Muscheln und Vögel verschickte, darunter einen Kuckuck, eine Nachtigall aus Virginia und einen Specht.

Darüber hinaus schickte Catesby Samen und Pflanzen an verschiedene Personen, die am internationalen Austausch von Pflanzen beteiligt waren und darum für die Botanik und den Gartenbau eine wichtige Rolle spielten. In Sloanes »Vegetable Substances« befanden sich Samen von Pflanzen, die in ganz London kultiviert wurden. Daraus lässt sich ablesen, welchen Einfluss Catesby auf die Gartengestaltung im 18. Jahrhundert hatte. Ausdruck seiner Bedeutung für die Verbreitung von Samen ist eine Pflanze namens *Catesbæa*, die Sloane als »lilienblütigen Dorn« beschrieb. Der Gattungsname wurde von Johan Gronovius vergeben, um Catesby zu würdigen, und später von Carl von Linné in seinem *Species Plantarum* (1753) über-

Catesby schickte Exemplare der Pflanzen, die er gezeichnet hatte, an seine Geldgeber. In der dekorativen Schachtel mit Glasdeckel, die zu Sloanes Sammlung gehört, befinden sich Proben der Art *Coccoloba diversifolia.*

nommen. Catesby verkaufte Samen dieser Pflanze an verschiedene Personen in England, und 1726 wurde vom erfolgreichen Gedeihen mehrerer Jungpflanzen berichtet, beispielsweise bei »Mr. Powers, einem geschickten und neugierigen Gärtner« sowie »Mr. Baithwait aus Derham bei Bath«.

Catesbys Aufenthalt im Südosten der USA und auf den Bahamas bildete die Grundlage für sein Lebenswerk. Nachdem er mit Proben, Notizen und Zeichnungen wieder in England eingetroffen war, ging er daran, die Veröffentlichung seiner Studien und Zeichnungen von Vögeln, Bäumen sowie anderen Pflanzen und Tieren vorzubereiten. Damals war es nicht einfach, ein Buch zu publizieren, und überdies enorm kostspielig. Aus diesem Grund wurde das Werk in Subskription verlegt. Catesby wollte das Buch in mehreren Teilen herausbringen, die jeweils 20 Tafeln enthielten. Die Fassung mit unkolorierten Tafeln sollte pro Ausgabe eine Guinee kosten, die Version mit handkolorierten Tafeln das Doppelte. Die Ausarbeitung und Veröffentlichung der *Natural History* nahm etwa 20 Jahre in Anspruch. Interessanterweise hatte Catesby keinerlei künstlerische Ausbildung genossen. Dennoch lernte er schwierige Techniken wie Stich und Radierung und stellte alle Druckplatten für sein Buch selbst her.

Jede Tafel in Catesbys *Natural History* zeigte ein Beispiel der Flora oder Fauna der Neuen Welt, beispielsweise die Teile einer Blütenpflanze. Die englischen Erläuterungstexte hatte Catesby selbst geschrieben, die französische Übersetzung stammte von einem namentlich nicht genannten »Doctor of Physick«. Häufig stellte Catesby Tiere und Pflanzen gemeinsam auf einer Tafel dar. Das war damals ungewöhnlich, aber attraktiv und gut geeignet, um die Welt der Natur zu veranschaulichen.

Catesby widmete sein Werk Königin Karoline, der Gattin des englischen Königs Georg II. Im Mai 1729 erschien der erste Teil und wurde als »jedem Werk dieser Art überlegen« gefeiert. Catesbys künstlerisches Können, seine botanischen Kenntnisse und sein Beitrag zur Naturgeschichte wurden gewürdigt, indem er am 1. Februar

Catesbys Geldgeber hatten besonderes Interesse an Schlangen – präpariert oder illustriert. Die Bestimmung der hier abgebildeten Hornviper erwies sich als schwierig, aber die »rote Lilie« wurde 1788 nach Catesby benannt.

1733 für die Royal Society nominiert und am 26. April 1733 aufgenommen wurde. Man bezeichnete ihn als »Gentleman mit guten Kenntnissen der Botanik und Naturkunde, der mehrere Jahre durch verschiedene Teile Amerikas gereist ist» und nannte seine Publikation ein »kurioses und großartiges Werk«. Der letzte Teil der *Natural History* erschien 1749.

Catesbys Reisen in die Neue Welt waren in verschiedener Hinsicht bedeutsam. In der Zeit, die er dort verbrachte, konnte er seine Techniken verfeinern, um anschaulich zu illustrieren, was er mit eigenen Augen sah. Er war kein ausgebildeter Kunstmaler, aber die Tafeln in seiner *Natural History* zeugen davon, dass er über eine beachtliche Beobachtungsgabe verfügte und die Schönheit der Welt,

Auch diese Abbildung zeigt, dass Catesby sich mit den Beziehungen zwischen Flora und Fauna beschäftigte. Im Feld zeichnete er oft Einzelexemplare, die er später zu größeren Kompositionen zusammenfügte.

in der er sich bewegte, geschickt darstellen konnte. Catesby trug auf seinen Forschungsreisen beachtliche Sammlungen zusammen, die sich auch an den vielfältigen Interessen seiner Geldgeber orientierten: von Notizen über Pflanzen bis zu Schlangen, die er in Glasbehältern konservierte. Getrocknete Pflanzen, die er von seinen Reisen mitbrachte, sind bis heute in botanischen Sammlungen in Oxford und London vorhanden und noch immer Gegenstand botanischer und historischer Forschung.

Die Samen, die er sammelte und nach London schickte, blieben nicht nur in Sammlungen wie der von Hans Sloane am Bloomsbury Square erhalten, sondern wuchsen in Gärten zu neuen Pflanzen heran. Keine Einzelperson hat mehr nordamerikanische Pflanzen zum Sherard-Herbarium in Oxford beigetragen. Das Sloane-Herbarium des Natural History Museum in London verfügt über zwei Bände mit Pflanzenmaterial, das von Catesby gesammelt wurde. Der aus Schweden stammende Carl von Linné, der 1753 die (noch heute verwendete) binäre Nomenklatur zur wissenschaftlichen Benennung von Lebewesen einführte, vergab viele Namen allein aufgrund von Informationen, die Catesby geliefert hatte. Auf den 220 von Catesby veröffentlichten Tafeln befanden sich 187 Pflanzen. Linné gab 131 von diesen seine neuen, binären Namen. Davon bilden 34 als Typus die Grundlage zur Definition eines übergeordneten Taxons.

Ein Porträt von Catesby gilt es noch zu finden. Nichtsdestoweniger sind seine Reisen, Sammlungen, Beobachtungen und Publikationen nicht nur für verschiedene Bereiche der Botanik und Nomenklatur von Bedeutung, sondern auch für die kunst- und naturhistorische Forschung.

HANS WALTER LACK

NIKOLAUS JOSEPH JACQUIN

Zimtapfelbäume und exotische Tiere für den Kaiser

Es war eine große Ehre für den 27-jährigen Medizinstudent Nikolaus Joseph Jacquin, als er eine Einladung für eine Expedition durch das tropische Amerika von Franz I., Kaiser des Heiligen Römischen Reichs erhielt. Die Instruktionen hat dieser eigenhändig verfasst. Der Kaiser interessierte sich sehr für die Naturkunde, und der einzige Zweck dieser Expedition bestand darin, Material für seine privaten Sammlungen zu beschaffen. Es überrascht daher nicht, dass Dauer und Kosten des Unterfangens unbegrenzt waren. Proben aller Art sollten zusammengetragen werden: lebende Pflanzen und Tiere für das neu gebaute Gewächshaus und die Menagerie von Schloss Schönbrunn, der Sommerresidenz des Kaisers, aber auch Mineralien und Fossilien für das kaiserliche naturhistorische Kabinett und Münzen für das kaiserliche numismatische Kabinett, beide mit Sitz in Wien. Bevorzugt wurden Vögel und vierbeinige Tiere, die in Europa unbekannt waren, Pflanzen mit dekorativen oder duftenden Blüten, Bäume mit essbaren Früchten, Krustentiere, Korallen und Muscheln. Die Anweisungen gehen sehr detailliert auf die Transportbedingungen ein, wobei beispielsweise Amsterdam, Marseille und Toulon als bevorzugte Zielhäfen für das Zurücksenden von Material genannt werden. Gleichzeitig musste eine detaillierte Liste aller versandten Objekte mit separater Post nach Wien geschickt werden. Es wurde klar festgelegt, wer an der Expedition teilnehmen

Auf der Insel Martinique fertigte van der Schot eine farbige Tuschezeichnung der intensiv duftenden Frangipani *(Plumeria alba)*, die als Grundlage für dieses später gemalte Aquarell diente.

Plumeria alba.

durfte. Namentlich waren dies der niederländische Gärtnerlehrling Richard [Ryk] van der Schot, der bereits in Schönbrunn beschäftigt war, und zwei Vogelfänger aus der Toskana.

Jacquin, dessen Familie aus Frankreich stammte, wurde 1727 in Leiden geboren. Er besuchte in Antwerpen das Gymnasium, begann ein Studium in Leuven und setzte dieses in Paris fort, wo ihm offenbar das Geld ausging. Auf Einladung von Gerard van Swieten, dem ehemaligen Arzt der Familie Jacquin und nun Leibarzt der kaiserlichen Familie, siedelte Nikolaus Joseph nach Wien über, wo ihm sein Patron viele Türen öffnete. Zweifellos empfahl van Swieten dem Kaiser, Jacquin mit der Leitung der Expedition zu betrauen. Der junge Mann bereitete sich vor, indem er an der kaiserlichen Kunstakademie in Wien lernte, naturwissenschaftliche Motive akkurat zu zeichnen. Auch vom Leiter des kaiserlichen naturhistorischen Kabinetts wurde er unterrichtet. Nachdem er der kaiserlichen Familie die Hände küssen dufte,

was damals als außergewöhnliche Ehre galt, reiste er zusammen mit van der Schot am 9. Dezember 1754 nach Livorno ab. Dort regierte der Kaiser als Francesco II., Großherzog der Toskana.

In diesem Hafen stießen die Reisenden auf die beiden Vogelfänger Francesco Barculla und Giovanni Buonamici. Gemeinsam fuhren sie über das Mittelmeer nach Marseille. Sie verständigten sich miteinander auf Niederländisch und Italienisch. Später auf den westindischen Inseln und in Südamerika waren Niederländisch und Spanisch die Kommunikationssprachen. Allmählich wuchs Jacquins Grüppchen. Er kaufte einen Sklaven, stellte Gehilfen und Diener an, die sein Gepäck und die stetig wachsende Sammlung tragen sollten.

Als Ziel der Expedition hatte der Kaiser relativ ungenau »les établissements des Français ein Amérique« [die französischen Besetzungen in Amerika] angegeben. Damit meinte er wahrscheinlich die französischen Kolonien in der karibischen See, die sich damals über mehr Inseln erstreckten als heute. Die Gruppe ging zuerst in Martinique von Bord. Das war günstig für Jacquin, weil er dort Verwandte hatte. Sie erkundeten – teilweise gemeinsam, teilweise einzeln – verschiedene andere Inseln wie Grenada, St. Vincent und Haiti, den französischen Teil der Insel Hispaniola. In einer Ergänzung zu den kaiserlichen Anweisungen waren auch Besuche auf Inseln erlaubt, die unter holländischer oder britischer Herrschaft standen, beispielsweise Sint Eustatius, Sint Maarten und Jamaika, sowie in den spanischen Besitzungen an der Nordküste Südamerikas (einem Gebiet, das heute zu Venezuela und Kolumbien gehört). Als dortiger Haupt-Anlaufhafen war Cartagena angegeben. Obwohl Jacquin wahrscheinlich geplant hatte, von diesem Hafen aus direkt nach Europa zu fahren, beschlossen er und Barculla, zuerst nach Kuba zu reisen, das unter spanischer Herrschaft stand. Von dort nahmen sie ein Schiff nach Ferrol auf der iberischen Halbinsel und reisten über Land weiter nach Wien.

Während dieser Zeit standen sich Frankreich, das Heilige Römische Reich und deren Alliierten auf der einen Seite und England mit seinen Verbündeten auf der anderen Seite im Siebenjährigen Krieg gegenüber. Dadurch kam es auch in der Karibik zu feindlichen Übergriffen auf Schiffe. Jacquin fiel zweimal Piraten in die Hände, und Mitglieder der Expedition litten mehrmals an tropischen Krankheiten, aber nur ein einziger Gehilfe namens Joseph Alix erlag auf der Heimreise einer

Jacquin zeichnete den Cashewbaum *(Anacardium occidentale)* zuerst mit Feder und farbiger Tusche, bevor er im endgültigen Aquarell weitere Details ausarbeitete.

Krankheit. Die Überfahrt von Jamaica nach Cartagena hinterließ bei Jacquin einen nachhaltigen Eindruck. Die Fracht bestand hauptsächlich aus Sklaven, und er wurde Zeuge grauenhafter Szenen.

Aufgrund der Anweisungen für die Expedition war die Bandbreite der gesammelten Objekte ausgesprochen groß. Sie reichte von Korallen, die der hervorragende Taucher van der Schot vom Meeresgrund holte, bis zu Mineralien, die Platin enthielten; von Nestern tropischer Vögel bis zu 25 Ameisenbären *(Tamandua tetradactyla)*; von zwölf etwa drei Meter hohen, früchtetragenden Zimtapfelbäumen *(Annona squamosa)* bis zu verschiedenen Ananas-Sorten *(Ananas comosus)*. Regelmäßig brachten Schiffe, die aus verschiedenen Häfen ausliefen, die Sammlungen in europäische Häfen wie Amsterdam, Ferrol, Livorno und Marseille. Die Verschiffungen wurden jeweils von Expeditionsmitgliedern begleitet. Jacquin und Barculla reisten mit der letzten Lieferung von Kuba ab. Die Logistik war herausfordernd. Es galt, Kapitäne zu finden, die bereit waren, so viele lebende Tiere und Pflanzen an Bord zu nehmen und ausreichend Wasser für die Pflanzen und Futter für die Tiere zu organisieren. Außerdem mussten Eisenkäfige gebaut werden, damit die Tiere nicht entwischen konnten. Aus Jacquins Aufzeichnungen geht hervor, dass viele Seekisten mehr als 56 kg wogen. Da kein Sägemehl verfügbar war, verwendete man Kaffeeschalen, um Glasbehälter vor Bruch zu schützen. Es muss beträchtliche Verluste vor allem an Tieren gegeben haben, aber Jacquin beklagte nur, dass Nager die Helikonien angefressen hätten. Der Transport von den Hafenstädten nach Wien erfolgte entweder über den Rhein und die Donau oder über Land auf dem Rücken von Maultieren.

Jacquin kam am 17. Juli 1759 in Wien an. Die Kosten der Expedition – einschließlich Transport der Sammlung und Löhne – beliefen sich auf insgesamt 27 707 Gulden. Das war ein enormer Betrag – etwa halb so viel, wie der Kaiser 15 Jahre früher für sein Palais im Zentrum von Wien bezahlt hatte.

Wie viele der Funde von Jacquins Expedition letztlich wohlbehalten die Konservatorien von Schönbrunn erreichten und wie lange sie kultiviert wurden, ist unbekannt. In einer Inventarliste, die 40 Jahre nach Jacquins Rückkehr erstellt wurde, tauchen jedoch mehrere Einträge auf, die sich höchstwahrscheinlich auf Pflanzen von seiner Reise beziehen. Ein Beispiel ist das Teufelsrückgrat *(Euphorbia tithymaloides)* mit dem Vermerk 'Cur'. Dieser steht für die kleine Insel Curaçao, auf

Die Strandspinnenlilie *(Hymenocallis littoralis)* ist heute eine beliebte Gartenpflanze und in einigen Ländern auch verwildert. Solche Schmuckpflanzen sollte Jacquin für den Kaiser mit nach Schönbrunn bringen.

101.
Pancratium littorale

Oben links: Aufgrund von Insektenfraß blieben nur sehr wenige Herbariumsexamplare erhalten. Eins davon fand seinen Weg in das Smith Herbarium der Linnean Society in London.

Oben rechts: Dieses Motiv wurde als Kupferstich veröffentlicht. Es zeigt einen Querschnitt durch Jacquins Funde: Pflanzen, Tiere, Mineralien sowie als Hauptelement ein Tuch mit einer Landkarte, das hier von zwei Ureinwohnern hochgehalten wird.

der zu dieser Zeit nur Jacquin gesammelt hatte. 1799 wurde in Schönbrunn auch die Strandspinnenlilie *(Hymenocallis littoralis)* kultiviert, deren Erstbeschreibung von Jacquin stammte. Dies war genau der Typ von Schmuckpflanzen, die Kaiser Franz I. gewünscht hatte.

Obwohl es in den Vorgaben für die Expedition nicht ausdrücklich gefordert war, begann Jacquin auch Proben für Herbarien zu sammeln. Sein Sohn Franz Joseph erinnerte sich, dass all diese gesammelten Materialien von »weißen Ameisen«

Der Karakara *(Caracara cheriway)*, den Jacquin von der Expedition mitbrachte, lebte ganze 25 Jahre in einer Voliere in Schönbrunn.

vernichtet worden seien. Daraufhin musste Jacquin auf andere Methoden zum Dokumentieren der Pflanzenvielfalt zurückgreifen. Alle Pflanzen, die ihm neu oder bemerkenswert erschienen, zeichnete und beschrieb er detailliert »an Ort und Stelle und nach dem Leben«. Damit folgte er dem Vorbild von Charles Plumier, einem Angehörigen der Paulaner, der ebenfalls in diesem Gebiet gearbeitet und zahlreiche Federzeichnungen mit Tusche angefertigt hatte. So erklärt sich, dass es von dieser Expedition nur sehr wenige Herbariumsexemplare gibt. Eins von diesen ist ein Exemplar der *Rajana cordata* mit dem Vermerk »collegi in San Domingo« im Herbarium von Sir James Edward Smith (Linnean Society, London). Viel weniger ist bekannt, warum Jacquins Feldnotizen nicht erhalten wurden und warum so wenige seiner Zeichnungen überlebt haben. Die ursprünglichen Reiseaufzeichnungen gingen in den Wirrungen der Reise verloren, weshalb nie ein gedruckter Expeditionsbericht erschienen ist. Selbst die Route konnte nur durch Informationsfetzen aus Briefen, vereinzelten Notizen, Erinnerungen und vor allem durch eine Vielzahl von Rechnungen, die sich heute im österreichischen Staatsarchiv in Wien befinden, rekonstruiert werden. Die Publikation der Sammlung dauerte Jahre und blieb unvollständig. Das gilt für Objekte, die ihren Weg ins kaiserliche naturhistorische Kabinett fanden ebenso wie für Pfeile, ein beschnitztes Rhinozeros-Horn und andere Artefakte. Jacquin überließ seine Tierbeschreibungen Carl von Linné. Dieser zitierte Jacquin mehrfach in der 12. Ausgabe seiner *Systema Naturae*. Es gibt aber keine Belege dafür, dass Linné jemals eine der Proben sah. Lediglich einige Vögel, die die Reise überstanden hatten und in den Volieren von Schönbrunn lebten, wurden Gegenstand einer Publikation – allerdings erst 1784, als Jacquins Sohn Gebrauch von den väterlichen Aufzeichnungen machte. Einer der Vögel war der Karibik-Karakara *(Caracara cheriway)*, ein äußerst verbreiteter Aasfresser.

Jacquin selbst konzentrierte sich von Anfang an auf die Botanik. Erste Veröffentlichungen zum neuen Material erschienen schon im Spätsommer 1760 in Leiden, allerdings mit sehr spärlichen Beschreibungen. Darin findet sich der Gattungsname des Mahagonibaums, *Swietenia* Jacq., eine Ehrung an seinen Patron. Umfangreicher und größer im Format war Jacquins Werk *Selectarum stirpium americanarum historia*, das in Wien im Januar 1763 erschien. Es enthielt 184 Kupferstiche auf Grundlage seiner Federzeichnungen, darunter Illustrationen der Palmenart *Bactris guineensis* und der Ölpalme *Elaeis guineensis*, die in Westafrika heimisch ist, aber schon damals auf den karibischen Inseln kultiviert wurde. Beide Pflanzennamen gehen auf Jacquins Stiche zurück. Eine zweite, deutlich größere Ausgabe mit handgemalten Aquarellen erschien in sehr kleiner Stückzahl. Sie umfasst sechs Tafeln mit Darstellungen von Blättern, Früchten, Samen und Schnitten verschiedener Pflanzenarten.

Die Wissenschaft verdankt der Expedition wertvolle Erkenntnisse über die neotropische Flora. Jacquin trug sie eine lebenslange Pension ein, die allerdings Jahre später von Joseph II., dem Sohn von Franz I., widerrufen wurde. Sie ebnete ihm außerdem den Weg für eine erfolgreiche akademische Karriere. 1768 wurde er an die Universität Wien berufen, als Professor für Chemie und für Botanik – mit zwei Gehältern. 1774 wurde er in den Adelsstand erhoben und 1809, im Alter von 82 Jahren, zum Rektor der Wiener Universität gewählt.

Wichtiger war jedoch eine weitere Tatsache: Jacquins Unternehmungen wurde zum Vorbild für andere und führte zu mehreren imperialen Expeditionen. Diese bereicherten die imperialen Sammlungen um zahllose Pflanzen und Tiere, Mineralien und ethnografische Objekte aus aller Welt. Die Botanik behielt lange ihre zentrale Rolle. Als Sir Joseph Banks, damals Vorsitzender der Royal Society und inoffizieller Leiter der Royal Garden in Kew, 1814 über die Auswirkungen des Ersten Pariser Friedens auf den weltweiten Transport lebender Pflanzen nachdachte, bemerkte er treffend: »Schönbrunn ist die einzige Konkurrenz zu Kew, die ich kenne«.

Auf dieser Aquarelltafel sind Blätter, Blüten, Samen und andere Teile verschiedener Pflanzenarten abgebildet. Nr. 38 zeigt die rote Frucht von *Hylocereus trigonus*, einer damals noch nicht wissenschaftlich beschriebenen Kaktusart.

19.
20.
21.
22.
23.
24.
25.
26.
27.
28.
29.
30.
31.
32.
33.
34.
35.
36.
37.
38.
39.
40.

JUDITH MAGEE

WILLIAM BARTRAM

Der erste Ökologe

Im Jahre 1817 erklärte William Bartram seinem Freund und Berufskollegen William Baldwin, er sei von dem herrlichen Land Florida so begeistert, dass er »sich nachts in seinen Träumen oft dorthin versetzt fühle«. Bartram hatte vier Jahre lang Florida und Georgia bereist. Diese Zeit hatte ihn so geprägt, dass seine Liebe zu diesem Gebiet nie nachließ.

William Bartram wurde 1739 als Sohn einer Quäkerfamilie in Kingsessing knapp außerhalb von Philadelphia geboren. Er absolvierte seine Schulzeit an der Philadelphia Academy, erhielt aber niemals Kunst- oder Zeichenunterricht. Künstlerische Fähigkeiten eignete er sich selbst an, indem er die Illustrationen der zahlreichen naturkundlichen Bücher in seinem Elternhaus studierte oder in der Natur Pflanzen und Tiere beobachtete.

Naturkundliche Kenntnisse erwarb er schon als Junge, denn er begleitete seinen Vater auf Pflanzensammelexkursionen entlang der Ostküste Nordamerikas. Sein Leben lang beschäftigte er sich mit dem Studium und der Beobachtung der Natur im Lauf der Jahreszeiten und der Jahre. Wissenschaftliches Wissen sammelte er durch Erfahrung, durch Reisen in die Wildnis und durch Beobachtung von Arten in ihrer natürlichen Umgebung. Zu seinen wichtigen Beiträgen zur Naturkunde

Die Spannweite dieses Pfauenspinners *(Eacles imperialis)* kann bis zu 17 cm betragen. Bartram erklärte, dies sei »die schönste Art der Gattung, die ich je gesehen habe«.

Fig 1
2
Eacles imperialis

Bartram entdeckte eine Schlange, die dabei war, eine andere zu fressen.
»Als ich sie entdeckte, war sie schon fast vollständig verschlungen.
Ich hatte Mühe, die Tiere zu trennen.«

zählt seine Fähigkeit, ästhetische Wertschätzung der Natur mit akkuraten Beschreibungen und präzisen, auf Beobachtung basierenden Daten in Einklang zu bringen.

1765 reiste Bartram zum ersten Mal nach Florida, zusammen mit seinem Vater John, einem Landwirt und Pflanzenzüchter, der im gleichen Jahr von König George III. zum Botaniker für Florida ernannt worden war. Zehn Monate lang erkundeten Vater und Sohn das Gebiet und sammelten Pflanzen und Samen. Bartram gefiel die Region so gut, dass er beschloss, erneut hinzureisen. 1773 brach Bartram mit Unterstützung des englischen Arztes John Fothergill zu einer eigenen Expedition in den Südosten Nordamerikas auf, »um die bemerkenswerten und nützlichen Produkte der Natur, vor allem des Pflanzenreichs« zu entdecken. Während vier Jahren war er zu Fuß, zu Pferd oder per Boot in Florida und Georgia unterwegs und drang nach Westen bis zum Mississippi vor. Er studierte, sammelte und zeichnete Flora und Fauna. Viele Dokumente schickte er an Fothergill in London. Seine Reisen waren schwierig, mühsam und oft gefährlich. Er hatte mit Insektenstichen, Stürmen und Gewittern zu kämpfen und begegnete wilden Bären, Alligatoren und Klapperschlangen. Es war mit amerikanischen Ureinwohnern unterwegs und lebte auch mit ihnen, sodass er ihre Kultur und Sprache eingehend studieren konnte. Nach seiner Rückkehr nach Philadelphia beschrieb er seine Abenteuer und Eindrücke in dem Buch *Travels through North and South Carolina, Georgia, East and West Florida*, das 1791 erschien. Das Werk beeinflusste Künstler und Wissenschaftler, denn er wählte die damals neue Herangehensweise, Tiere und Pflanzen im Kontext ihrer Umgebung zu studieren. Das Buch ist noch heute erhältlich.

In seinem Werk bezeichnet Bartram sich mehrmals als Pilger und nennt die Natur selbst das Ziel seiner Pilgerreise. Er empfand die wilde Landschaft als ehrfurchtgebietend und großartig und erklärte, das größte Glück liege für ihn darin, »die grenzenlose Macht, Majestät und Perfektion des großen allmächtigen Schöpfers aufzuspüren und zu bewundern«. Bartram glaubte an eine verbindende Kraft, die der gesamten Natur zugrunde lag, und war überzeugt, dass es Verbindungen, Wechselbeziehungen und Abhängigkeiten zwischen den Arten gab. Für ihn war alles vergleichbar, nennenswerte Unterschiede zwischen Tieren, Pflanzen und Menschen sah er nicht. Dem würden sich heute nicht viele Wissenschaftler anschließen. Bartram stellte die Frage nach dem wesentlichen Unterschied »zwischen den Samen von Erbsen, Pfirsichen oder anderen Pflanzenstämmen und Eiern legender Tiere«. Seiner Meinung nach waren Tiere zu denselben Emotionen fähig wie Menschen, auch zur Empathie. In einer Betrachtung der Venusfliegenfalle *(Dionaea muscipula)* fragt er: »Nachdem wir dieses Objekt gesehen haben, müssen wir dann nicht zugeben, dass pflanzliche Wesen über Sinnesfähigkeiten verfügen, die denen von Tieren ähneln? Dass es organische, lebende, sich selbst bewegende Geschöpfe sind? Denn an dieser Pflanze sehen wir doch Bewegung und Willen.«

Bartrams Reisen führten durch die Gebiete der Cherokee und der Creek. Er lebte unter ihnen und studierte ihre Kultur, ihre Sprache und ihre Regierungsformen. Das Führungssystem der Creek beschrieb er als »das einfachste, natürlichste und vernünftigste, dass man sich vorstellen oder wünschen kann«. Ihre Lebensweise, ihr Naturverständnis und ihre Beziehung zur Natur bewunderte er zutiefst. Er traf mehrere Stammeshäuptlinge, die ihm zum Sammeln von Pflanzen uneingeschränkten Zugang zu ihrem Gebiet erlaubten und ihm Schutz auf seinen Reisen zusicherten. Er tauschte Geschenke mit ihnen aus. Eine Steinpfeife, wie er sie von einem Stammesältesten im Ort Mucclasse bekam, nahm er später in eine seiner Zeichnungen auf. In Cuscowilla verlieh ihm Cowkeeper, der Häuptling der Creek, den Ehrennamen Puc Puggy, der übersetzt Blumenjäger bedeutet. In späteren Jahren unterzeichnete Bartram gelegentlich Briefe an Freunde im Süden mit seinem Creek-Namen.

Als Bartram durch die unerforschte Wildnis von South Carolina, Georgia und Florida reiste, spitzte sich die politische Lage in den amerikanischen Kolonien zu. Unruhen und Gewalt führten letztlich dazu, dass der Kongress am 4. Juli 1776 die Unabhängigkeit erklärte. In Darien (Georgia) war Bartram selbst an der Zurückdrängung britischer Truppen beteiligt gewesen. Da er sich weiterhin für die junge Republik einsetzte, beeinflusste er eine ganze Generation junger amerikanischer Forscher und Künstler, allesamt glühende Patrioten. Wie sie meinte auch Bartram, dass Amerika eine eigene, von Europa unabhängige Wissenschaftsgemeinde brauche. Es war an der Zeit, dass die Amerikaner selbst ihre einheimische Flora und Fauna benannten, beschrieben und klassifizierten. In diesem Sinn sind Bartrams *Travels* ein frühes Dokument amerikanischer Wissenschaft. Sie enthalten Listen und Beschreibungen regionaler Tiere und Pflanzen sowie Berichte über deren Lebensräume und Verhalten.

Zehn Jahre nach der Erstveröffentlichung waren in sechs europäischen Ländern acht Ausgaben erschienen. Europäische Wissenschaftler betrachteten Bartram als den größten amerikanischen Naturforscher ihrer Zeit. Im Zeitalter der europäischen Frühromantik war Bartrams Werk aber auch bei Malern und Schriftstellern beliebt. Samuel Taylor Coleridge und William Wordsworth ließen sich von der bildhaften Sprache und den lyrischen Beschreibungen beeinflussen. Sie huldigten der Natur und suchten Inspiration in der ungezähmten Wildnis. Bartram gab ihnen mit seinen Beschreibungen der amerikanischen Landschaften Vorlagen. Seine Formulierungen über den »Donner« der Alligatoren, den »magischen Kristallbrunnen« oder Cherokee-Jungfrauen die »ihre Schönheit dem sanften Wind enthüllen«, finden sich in Variationen auch in den Werken zeitgenössischer Literaten.

Die *Franklinia alatamaha* wurde zu Ehren von Benjamin Franklin benannt. In freier Natur ist sie ausgestorben. Dank Bartram, der im Jahr 1776 die Samen sammelte, konnte man die Art in der Kultivierung erhalten.

2.
1.
3.
4.

Die Einführung der binären Nomenklatur nach Linné in der zweiten Hälfte des 18. Jahrhunderts bewirkte, dass sich eine allgemeingültige Methodik für Beschreibung, Bestimmung und Benennung von Arten und außerdem relativ strenge Konventionen für botanische Zeichnungen entwickelten. William Bartram wurde häufig aufgefordert, in diesem »wissenschaftlichen« Stil zu zeichnen und tat es beispielsweise bei seiner Darstellung der *Franklinia alatamaha*. Üblicherweise wurden die Arten einzeln und getrennt von ihrem natürlichen Lebensraum abgebildet. Er zog es aber vor, sein Motiv in den Kontext anderer Arten zu stellen und dadurch etwas über die Beziehungen zwischen lebenden Organismen auszusagen. In seinen zwei Zeichnungen des amerikanischen Lotus *(Nelumbo lutea)* zeigt Bartram den kompletten Lebenszyklus der Pflanze von der Knospe bis zum Samenstand und

Die Zeichnungen auf dieser und der gegenüberliegenden Seite zeigen den vollständigen Lebenszyklus des amerikanischen Lotus *(Nelumbo lutea)* und auch die komplexen Beziehungen zwischen den Arten. Sie unterscheiden sich deutlich von der *Frankinia*, die eher im Stil Linnés dargestellt ist.

weist damit auch auf die mögliche Regeneration der Pflanze hin. Er zeigt den Lotus aber auch mit anderen Pflanzen und Tieren, die ebenfalls am südöstlichen Zipfel North Carolinas heimisch sind. Diese Illustration entsprach nicht dem, was man damals unter wissenschaftlichen Zeichnungen verstand. Dennoch ist sie problemlos zu identifizieren, denn neben den Entwicklungsstadien sind auch alle Merkmale und Strukturen, die für Botaniker relevant sind, bestens zu erkennen. Solche Zeichnungen lassen auf Bartrams Sicht der Natur schließen: Er sah sie als komplexes Gefüge aus Beziehungen zwischen den Arten.

1777 kehrte Bartram nach seinen Reisen in das Haus der Familie in Kingsessing zurück, wo er bis zu seinem Tod im Jahr 1823 lebte. Nach der Veröffentlichung seiner *Travels* war er so berühmt, dass Politiker, Wissenschaftler und Philosophen aus Amerika und Europa ihn aufsuchten, um seine Ideen über die Natur kennen-

Samenstände des amerikanischen Lotus *(Nelumbo lutea)* sowie zwei verschiedene Schlauchpflanzen *(Sarracenia purpurea* und *Sarracenia flava)*. Bartram beschrieb, wie Insekten, die in die Fangorgane gefallen waren, durch Härchen am Entkommen gehindert wurden.

T. II

zulernen und zu diskutieren. Führende Naturwissenschaftler wie der Entomologe Thomas Say, der Botaniker Benjamin Smith Barton, die französischen Naturforscher André und François Michaux (Vater und Sohn), William Baldwin und Alexander Wilson, Autor des Werks *American Ornithology*, sind nur einige, mit denen Bartram als Freund und Kollege sein Wissen teilte. Wilson hätte sein neunbändiges, mit farbigen Tafeln ausgestattetes Werk über die Vogelwelt Amerikas vielleicht nie geschrieben, wenn Bartram ihm nicht sein Wissen über die Vögel und das Zeichnen vermittelt hätte. Bartram wurde schon 1770 in die American Philosophical Society gewählt und 1812 in die Academy of Natural Sciences aufgenommen, allerdings nahm er so gut wie nie an den Konferenzen teil. 1782 wurde ihm eine Professorenstelle an der University of Pennsylvania angeboten, doch es ist nicht bekannt, dass er jemals dort gelehrt hat. Als Thomas Jefferson Präsident der USA war, bat er Bartram, an der Expedition zum Red River teilzunehmen. Der fühlte sich zwar geschmeichelt, lehnte aber ab. 1804 traf er den bedeutenden Entdecker und Forschungsreisenden Alexander von Humboldt im Anschluss an dessen vierjährige Reise nach Süd- und Mittelamerika.

Wissenschaftler aus Philadelphia organisierten Humboldt zu Ehren ein festliches Essen im Peale-Museum, zu dem auch Bartram erschien. Humboldt fand in Bartram wahrscheinlich einen Geistesverwandten. Beide verstanden die Natur als Netzwerk verschiedener voneinander abhängiger Lebensformen, als harmonisches, organisches Ganzes. Heute würde man diese Sicht als ökologisch bezeichnen. Der Begriff Ökologie wurde damals nicht verwendet, und auch die Umweltwissenschaft entstand erst in der zweiten Hälfte des 19. Jahrhunderts. Ihre Wurzeln gehen aber auf die Texte und Zeichnungen von William Bartram zurück.

Bartrams erster Biograf George Ord beschrieb ihn als bedeutende Quelle für viele Naturforscher unserer Zeit und meinte, es gäbe in Amerika und außerhalb kaum einen Autor, der über die Naturgeschichte seines Landes geschrieben habe, ohne sich auf Informationen von Bartram zu stützen.

Bartram zeichnet diesen »stattlichen Vogel«, einen Kanadakranich *(Grus canadensis pratensis)*, kurz nachdem er gefangen worden war. Dann verzehrten er und seine Reisegefährten ihn zum Abendessen. »Er gab eine ausgezeichnete Suppe ab.«

SIMON WERRETT

JOSEPH BANKS

Botaniker und Forscher

Heute ist es ganz normal, dass bei einer Mahlzeit Produkte aus aller Welt auf dem Tisch stehen. Zahlreiche Handelswege verbinden die Kontinente und ermöglichen unter anderem den Austausch von Lebensmitteln und Kochrezepten. Viele Obst- und Gemüsearten werden seit Jahren auch außerhalb ihrer eigentlichen Heimat angebaut. So war es nicht immer. Die heutige Vielfalt haben wir auch Menschen wie Joseph Banks zu verdanken, die mit ihrer Erforschung exotischer Tiere und Pflanzen dem weltweiten Handel den Weg geebnet haben.

Joseph Banks kam am 13. Februar 1743 als einziger Sohn des wohlhabenden Landbesitzers William Banks und seiner Frau Sarah in Lincolnshire zur Welt. Schon während seiner Schulzeit an den Elite-Internaten Harrow und Eton zeigte er Interesse an der Naturkunde, möglicherweise nachdem er ein Exemplar des Herbariums von John Gerard aus dem 16. Jahrhundert gesehen hatte. Er schrieb sich am Christ Church College an der Universität von Oxford ein, um Botanik zu studieren. 1764 verließ Banks Oxford ohne einen Abschluss und ließ sich in London nieder. Dort hatte er Zugang zu den naturhistorischen Sammlungen des Britischen Museums und wissenschaftlichen Gesellschaften wie der Royal Society, in die er 1766 aufgenommen wurde. Um 1764 schloss Banks Freundschaft mit Daniel Solander, Hilfsbibliothekar am Britischen Museum und Schüler von Carl von Linné, dem berühmtesten

Banks setzte sich dafür ein, Pflanzen auch fern ihrer Heimat zu kultivieren, beispielsweise wilden Reis, Sagopalmen und die Ananas *(Ananas sativus)*, hier auf einer Zeichnung von Georg Dionysius Ehret.

Original of Tab II Trew Plantae Selectae.

Naturforscher dieser Zeit. Durch Solander erfuhr Banks von Linnés neuen botanischen Methoden und seinem genialen Klassifizierungssystem.

In den 1730er-Jahren hatte der Schwede Linné, der an der Universität von Uppsala tätig war, in seinem Werk *Systema Naturae* (1735) ein neues System der Klassifizierung von Pflanzen vorgeschlagen: Sie sollten anhand der Anzahl von Staubblättern und Stempeln verschiedenen Klassen zugeordnet werden. Das System war praktischer als vorherige, und Linné fand bald Anhänger wie Solander, die seine Methoden studierten und im Ausland verbreiteten. Außerdem entwickelte Linné die »binäre« Nomenklatur, die Organismen aller Art mit zwei Begriffen eindeutig benennt: dem Gattungs- und dem Artnamen. Beim Beispiel des modernen Menschen, *Homo sapiens*, ist demnach *Homo* der Gattungsname und *sapiens* der Artname. Tatsächlich hat Linné diesen Namen im Jahr 1758 geprägt. Damals fand seine Nomenklatur auch in England Zuspruch. Als Banks nach London umzog, benannten englische Botaniker und Pflanzenzüchter die Arten bereits nach Linnés System.

Banks' Verdienst für die Naturforschung liegt teilweise darin, dass er viele neu entdeckte Pflanzen aus aller Welt nach dem Linnéschen System benannte, das bis heute von Botanikern verwendet wird. Die Gelegenheit ergab sich, als Banks an Expeditionen außerhalb Englands teilnahm. Seine erste Reise unternahm er 1766 mit dem Marineoffizier Constantine Philipps, einem Schulfreund aus Eton, nach Neufundland. Voller Begeisterung sammelten und klassifizierten die beiden Männer Vögel und Pflanzen. Sie untersuchten auch, ob sie essbar waren – was gerade auf langen und weiten Reisen mit begrenzten Lebensmittelvorräten gut zu wissen ist.

Zwei Jahre nach der Neufundlandreise begab sich Banks auf eine noch ehrgeizigere Expedition unter der Führung von Kapitän James Cook. Er wollte bis nach Tahiti segeln, um dort den Durchgang des Planeten Venus vor der Sonnenscheibe zu beobachten. Die damaligen Astronomen sahen dem Ereignis mit Spannung entgegen, denn wenn es an verschiedenen Standorten auf der Erde korrekt beobachtet wurde, würde man anschließend den Abstand zwischen Sonne und Erde ermitteln können. Natürlich diente die Reise auch dazu, neue Erdteile zu erforschen. Cook hatte den Geheimauftrag erhalten, die Küste Australiens zu kartieren und neue Gebiete für König George III. zu beanspruchen. Banks und Solander sowie zwei Zeichner und Banks' Privatsekretär begleiteten Cook auf seiner Reise mit dem Schiff *Endeavour*. Im April 1769 erreichten sie Tahiti und konnten den Venusdurchgang beobachten.

Auf Tahiti und auf vielen Kurzbesuchen anderer Pazifikinseln sammelte Banks Hunderte von neuen Tier- und Pflanzenarten. Zusammen mit dem Künstler Sydney

Parkinson dokumentierte und klassifizierte er sie, was eine gewaltige Arbeit war. In Australien sah Banks im Juni 1770 ein Känguru. Er beschrieb es als »Tier von der Größe eines Windhunds und der Farbe einer Maus, das sehr flink ist«. Es schmeckte ihm auch hervorragend. Später beauftragte Banks den Künstler George Stubbs, die ersten europäischen Bilder eines Kängurus zu malen, und gab ihm als Anschauungsmaterial die Felle eines Kängurus und eines Dingos. Auch die Gewohnheiten der Menschen, denen Banks begegnete, beobachtete er genau. Er berichtete über eine große Vielfalt kultureller Bräuche und nahm bei einigen selbst teil. Bald lernte er tahitianisch und ließ sich, wie es dort üblich war, tätowieren. Auch das Sexualverhalten der Tahitianer studierte er interessiert und fand es viel freizügiger als das der Europäer. Seine Beschreibungen, die für damalige Verhältnisse ungewöhnlich konkret waren, sorgten später unter europäischen Lesern für einen Skandal. Bei

Banks war einer der ersten Europäer, die ein Känguru zu Gesicht bekamen.
Er nahm ein Fell mit nach England und übergab es dem Maler George Stubbs,
der 1772 dieses Gemälde schuf.

den Maori auf Neuseeland beobachtete er Kannibalismus, dessen Vorkommen unter Menschen er bislang bestritten hatte.

Nach drei Jahren, in denen Banks in Batavia ein tropisches Fieber überlebte, kam er mit Cook im Juli 1771 wieder in England an. Sie wurden bejubelt und von König George III. empfangen. Eine zweite Reise mit Cook wurde vorgeschlagen, die dieser jedoch absagte, als Banks die Schiffe mit einem Übermaß an Material zum Pflanzensammeln beladen wollte. Banks war verärgert. Da er sein Expeditionsgefolge aber schon zusammengestellt hatte, segelte er stattdessen nach Island. Unterwegs besuchte er die Basalthöhle Fingal's Cave auf der Hebrideninsel Staffa. Auf Island angekommen, erforschte er Vulkane und die Geologie. Seine Ergebnisse wurden damals jedoch nicht veröffentlicht.

Man könnte solche Reisen als exotisches Freizeitvergnügen reicher englischer Gentlemen betrachten. Vielleicht waren sie das auch. Aber im Lauf der Zeit hat Banks mit seinen zahlreichen und verschiedenartigen Zeitvertreiben auch zum Gedeihen des Britischen Empire beigetragen, denn damals war man der Meinung, dass die Botanik dem Empire nütze.

Linné schlug vor, nach dem kostspieligen Krieg gegen Russland die Botanik zu nutzen, um Schweden wieder zu Wohlstand zu verhelfen. Er meinte, man könne Pflanzen aus anderen Ländern nach Schweden bringen und an das dortige Klima gewöhnen. Er stellte sich Gewürzplantagen im kalten Lappland vor. Dazu kam es selbstverständlich nicht, aber die Briten unternahmen später im 18. Jahrhundert eigene Versuche in »ökonomischer« Botanik. »Ökonomisch« bezieht sich dabei auf den weltweiten Handel mit Pflanzen und Tieren, um den Wohlstand derer, die diesen Handel treiben, zu mehren. Der Erfolg der britischen Projekte beruhte dabei häufig auf den Verbindungen von Banks. Im Lauf der Zeit wurden Tausende von Arten zwischen England, der Karibik, Indien, China, Tahiti, Afrika, Australien und Neuseeland hin und her verschifft.

Banks spielte dabei eine wichtige Rolle. Nach seiner Rückkehr von der Reise mit Cook gab sein Onkel bei dem Gesellschaftsmaler Benjamin West ein großes Gemälde in Auftrag. Es zeigt Banks mit einem Flachsumhang von den neuseeländischen Maori und sollte darauf hinweisen, dass Banks ein neues, möglicherweise

Dieses Gemälde von Benjamin West zeigt Banks mit Schilden und Speeren der Maori, bekleidet mit einem Umhang aus Neuseeländer Flachs. Das Bild erzählt von Banks' Bedeutung für das britische Empire, denn die Marine brauchte große Mengen Flachs für Segel und Tauwerk.

Banks setzte sich dafür ein, Brotfrüchte von Tahiti auf die Westindischen Inseln zu verschiffen und als Nahrung für die Sklaven zu verwenden. Den ersten Transport sollte die HMS *Bounty* übernehmen, auf der es zu einer berühmten Meuterei kam.

nützliches Material entdeckt hatte. Damals wurden Segel aus widerstandsfähigem Flachs hergestellt. Als Seemacht brauchte England große Mengen Segel und Tauwerk, war aber auf Importe aus dem Ausland angewiesen. Wenn es möglich wäre, Neuseeländer Flachs in England in großen Stil anzubauen, konnte man sich nach Banks' Ansicht von der teuren Importware unabhängig machen. Damals ging es in der Botanik um die Benennung und Klassifizierung neuer Arten. Den Neuseeländer Flachs hatte J.R. Forster, ebenfalls Botaniker unter Cook, als *Phormium tenax* benannt. Es ging aber auch um wirtschaftliche Aspekte, also die Suche nach Pflanzen, die dem Handel und dem Empire Vorteile brachten. In den folgenden Jahren unterstützte Banks eine wachsende Schar von Sammlern, die die Welt bereisten, um neue Heil-, Speise- und andere Nutzpflanzen zu finden.

Mit solchen Aktivitäten verbrachte Banks nach seiner Reise mit Cook viel Zeit. Er war durch die Expedition in England recht berühmt geworden, wurde aber wegen seiner angeblichen erotischen Abenteuer auf Tahiti auch in Karikaturen und satirischen Versen verspottet. Dennoch trug er in rund fünf Jahrzehnten nach der Reise mit Cook nennenswert zum Vorankommen der Botanik in England bei. Dabei war es hilfreich, dass er wohlhabend war, über beste Verbindungen verfügte und mehrere Wohnsitze besaß. 1773 engagierte er sich auf Wunsch des Königs in den Kew Gardens und veranlasste die dortigen Gärtner, zahllose exotische Arten anzupflanzen, die anderen gekrönten Häuptern als »diplomatische Geschenke« überreicht wurden. 1778 wurde Banks zum Vorsitzenden der Royal Society gewählt, Englands führender Akademie der Wissenschaften. Diese Position behielt er bis zu seinem Tod im Jahr 1820. Bereits 1777 war er in ein großes Haus am Soho Square Nummer 32 gezogen. Im vorderen Teil war eine geräumige Wohnung untergebracht, im hinteren eine Bibliothek mit Herbarium. Wenig später heiratete Banks Dorothea Huggeson. Das Paar bewohnte das Haus zusammen mit Banks' Schwester Sarah Sophia, ebenfalls eine begeisterte Sammlerin, und pflegte einen großen Freundeskreis, dem viele Naturforscher angehörten – darunter Daniel Solander, Jonas Dryander und Robert Brown, den Banks als Verwalter seiner Sammlungen am Soho Square einstellte. Banks besaß außerdem ein Haus in Spring Grove bei Kew und das Familienanwesen Lincolnshire.

Überall pflegte er durch Korrespondenz und persönliche Kontakte sein umfangreiches Netzwerk im Dienst der »ökonomischen« Botanik. Zweifellos hat Banks versucht, neue Pflanzenarten in England zu akklimatisieren. In Spring Grove pflanzte er neben amerikanischen Cranberrys auch das Gras *Zizania aquatica*, eine Nahrungspflanze der kanadischen Ureinwohner. Er hoffte, diese Pflanzen an »den unfreundlichen Frühling, den kühlen Sommer und den [...] grässlichen Winter« in England zu gewöhnen und veröffentlichte eine Abhandlung über das Thema. Anderen Projekten lagen verschiedene Motivationen zugrunde. Er war zwar an der Umsiedlung vieler Pflanzen wie Wildreis, Ananas, Pomelo und Sagopalme beteiligt, stand aber nicht immer im Zentrum des Geschehens, sondern verhielt sich eher opportunistisch.

Banks brachte Menschen mit gleichen Interessen zusammen, beriet manchmal Institutionen über den Transfer neuer Arten und verschickte Pflanzen als

Auf Wests Gemälde von Banks ist auch ein aufgeschlagenes Botanikbuch zu sehen, das den Neuseeländer Flachs *(Phormium tenax)* zeigt. Hier eine Illustration von Sydney Parkinson, der als Künstler auf der *Endeavour* mitfuhr.

diplomatische Geschenke, die sich erst viel später als Nutzpflanzen von Wert erwiesen. Diese Vielfalt war nicht das Ergebnis einer Desorganisation oder eines Mangels an kohärenter Strategie von Banks, sondern spiegelte die Natur der »Ökonomie« wider, unter der man damals, bevor der Begriff im viktorianischen Zeitalter neu definiert wurde, sowohl die Suche nach finanziellem Profit als auch das Streben nach moralischer Aufwertung, guter Ordnung und der Wertschätzung – und Bewunderung – der göttlichen Schöpfung verstand. »Ökonomische« Botanik strebte danach, zur Ordnung der Welt beizutragen und sie mit einem angenommenen göttlichen Plan in Einklang zu bringen. Diesem Zweck diente es, Menschen und Projekte zusammenzubringen, und Banks befand sich in einer idealen Position, dies zu leisten. Als Mitglied des Board of Longitude, des Board of Agriculture, des Privy Council Committee on Trade und des Royal Observatory konnte er zu einer Vertiefung der Beziehungen zwischen Wissenschaft, Regierung und Empire beitragen. Auch die berühmte Meuterei auf der *Bounty* im Jahr 1790 stand mit der ökonomischen Botanik im Zusammenhang. Zur Meuterei der Seeleute gegen den herrschsüchtigen Kapitän William Bligh kam es, als die *Bounty* Brotfrüchte von Tahiti zu den Westindischen Inseln befördern sollte, um sie als Nahrung für die Sklaven auf den britischen Plantagen zu verwenden. Die Idee für den Transport stammte nicht von Banks, aber er war an ihrer Entstehung beteiligt, denn er hatte auf seiner Reise mit Cook Brotfrüchte auf Tahiti gesehen. Trotz der Meuterei konnten die Brotfrüchte 1793 mit der *Providence* zu den Westindischen Inseln verschifft werden.

Joseph Banks hat also am Wandel des weltweiten Austauschs von Pflanzen und Tieren im späten 18. und frühen 19. Jahrhundert mitgewirkt und ihn unterstützt, obwohl dies gar nicht sein erklärtes Ziel war. Er hat jedoch Tausende von Arten dokumentiert und klassifiziert und jahrzehntelang Personen und Institutionen in Kontakt gebracht, denen aus kommerziellen, politischen oder wissenschaftlichen Gründen am Austausch gelegen war. Dieses Unterfangen war so umfangreich, dass wir heute erst anfangen, die Tragweite des globalen Austauschs zu erkennen, und es wird noch dauern, bis uns die Konsequenzen klar sind. Banks Einsatz hat unser Wissen über Pflanzen und Tiere der Welt erweitert und dafür gesorgt, dass die Menschen sich abwechslungsreicher ernähren, aber er hat auch der Umwelt geschadet und Sklaverei und Imperialismus gefördert. Banks ist weniger bekannt als Captain Cook, hat aber wie dieser ein vielschichtiges Erbe hinterlassen. Er war einerseits Entdecker und wissenschaftlicher Pionier, hat aber andererseits – vielleicht unabsichtlich – zu Zerstörung und Beherrschung beigetragen. Trotz allem ist er für die Geschichte der Botanik und Naturforschung eine Schlüsselfigur.

Nach der Rückkehr aus dem Pazifik richtete Banks in seinem Haus am Soho Square in London eine Bibliothek und ein Herbarium ein. Bald wurde das Haus zum Zentrum botanischer Forschung, und von hier aus wurden weltweite Expeditionen organisiert.

ANDREA HART

SYDNEY PARKINSON

Emsiger Illustrator

Sydney Parkinson war 23 Jahre alt, als er sich am 26. August 1768 in Plymouth einschiffte, um zu einer historisch bedeutenden und wissenschaftlich bahnbrechenden Reise aufzubrechen. Joseph Banks hatte ihn als Zeichner engagiert. Parkinson sollte auf der Pazifikreise der *Endeavour* unter dem Kommando von James Cook die naturhistorischen Funde dokumentieren. Am 12. Juli 1771, fast auf den Tag genau drei Jahre später, kehrte das Schiff von seiner Weltumsegelung zurück. Mit der Reise, die alle bisherigen britischen Forschungsreisen in den Schatten stellte, hatte sich Cook als überaus fähiger Navigator bewiesen. Bis heute gilt er als wichtigster Entdecker des Pazifikraums. Banks machte sich einen Namen als bedeutender Sammler und Naturforscher von hohem wissenschaftlichem Rang. Der junge Parkinson kehrte von dieser Reise nicht zurück. Wie viele andere starb er, kurz nachdem das Schiff im Januar 1771 aus Batavia, dem Hafen der Niederländischen Ostindien-Kompanie auf Java, ausgelaufen war.

Parkinson schuf mehr als 1300 Bilder und Skizzen – einen der größten Schätze naturkundlicher Darstellungen, die jemals auf einer einzigen Forschungsreise entstanden. Cook ging auf die Bedeutung dieses Fundus in seinem Tagebuch ein: »Es scheint mir angebracht, Interessierte wissen zu lassen, dass Mr. Banks und Dr. Solander im Verlauf des Abenteuers Tausende bisher unbekannter Pflanzen

Dies ist eins der wenigen Motive, die Parkinson während des Aufenthalts auf den Gesellschaftsinseln nicht nur skizzierte, sondern ausarbeitete. Joseph Banks führte die Brotfrucht später auf den Inseln der Karibik ein.

Oben links: Diese *Gunnera magellanica* zeichnete Parkinson 1769, nachdem die *Endeavour* vor Tierra del Fuego (Feuerland) vor Anker gegangen war. Am Anfang der Reise konnte Parkinson viele seiner Skizzen von Pflanzen, die auf Madeira, in Brasilien und Feuerland gesammelt wurden, ausarbeiten.

Oben rechts: Im weiteren Verlauf der Reise sammelten Banks und Solander immer mehr Pflanzen und Parkinson wurde zunehmend mehr gefordert. Um Zeit zu sparen, ergänzte er seine Skizzen mit Notizen und Farbverweisen, anhand derer er sie später fertigstellen konnte.

entdeckt haben […] außerdem eine große Vielzahl von Vögeln und anderen Tieren […] sowie etwa dreihundert neue Arten von Fischen […] hundert neue Muschelarten und eine große Zahl eigentümlicher Insekten«. Tatsächlich wurden auf der Reise über 30 000 Pflanzenproben gesammelt. Das entspricht über 3600 beschriebenen Arten, von denen 1400 westlichen Wissenschaftlern noch unbekannt waren. Hinzu kamen über 1000 zoologische Exemplare. Cook erwähnt allerdings nicht, dass außerdem 21 Bände von naturkundlichen Zeichnungen entstanden, die Parkinson mit geschickter Hand und aufmerksamem Auge anfertigte.

Durch die Reise der *Endeavour* veränderten sich die Forschungsreisen und auch die wissenschaftlichen Studien. Von nun an war es üblich, dass auch Maler, Naturforscher und Astronomen mit an Bord gingen, um neue Erkenntnisse in Gebieten wie Geografie, Kartografie, Ethnografie und Naturkunde zu gewinnen. Der offizielle Astronom an Bord war Cook, unterstützt von Charles Green. Der damals 25-jährige Aristokrat Banks kam für seine Reisekosten und die seiner Entourage selbst auf. Neben seinem Freund, dem schwedischen Botaniker Dr. Daniel Solander (einem Schüler Linnés) nahm er Herman Diedrich Spöring als Privatsekretär und Maler, vier Diener und Gehilfen sowie zwei Künstler mit an Bord: den Landschaftsmaler

Während der Reise mit der *Endeavour* schuf Parkinson 268 zoologische Illustrationen, hauptsächlich Fische und Vögel. Es handelt sich überwiegend um Bleistiftskizzen. Er konnte nur wenige Tiermotive ausarbeiten, weil er mit botanischen Zeichnungen mehr als ausgelastet war.

Bei diesem Ölgemälde handelt es sich wahrscheinlich um ein Selbstporträt. Ein Stich von James Newton zeigt ihn an einem Zeichentisch. Der Stich schmückt das Titelblatt seines posthum veröffentlichten *Journal*.

Alexander Buchan und den begabten, jungen Sydney Parkinson, der aus einer schottischen Quäkerfamilie stammte.

Die wenigen Informationen, die über Parkinson bekannt sind, finden sich im Vorwort des 1773 veröffentlichten *Journal of a Voyage to the South Seas*. Banks zufolge ging das Originalmanuskript von Parkinsons eigenem Reisetagebuch verloren, darum stützt sich dieser Bericht nur auf die Zeichnungen und Unterlagen, die Parkinson während der Reise produzierte.

Der offizielle Bericht über die Reise wurde von John Hawkesworth herausgegeben. Er basierte auf den Aufzeichnungen von Banks, Cook und Parkinson. Hawkesworth ließ auch eigene Überlegungen einfließen, obwohl er nicht an der Reise teilgenommen hatte. Das Werk enthielt Kupferstiche auf Grundlage von Parkinsons Arbeiten, dieser selbst wurde aber nicht namentlich genannt – möglicherweise wegen Nachlassstreitigkeiten mit Banks. Soweit bekannt, existieren von Parkinson nur zwei Porträts – ein Stich von James Newton, der im 1773 von Stanfield Parkinson herausgegebenen *Journal of a Voyage to the South Seas* erschien, und ein Ölgemälde, das vermutlich ein Selbstporträt ist. Der Stich zeigt Parkinson am Zeichentisch sitzend und vermittelt den Eindruck, er sei ein dünner, schwächlicher Mann gewesen. Angesichts der großen Menge von Arbeiten, die er auf der Reise schuf, dürfte das jedoch nicht der Fall gewesen sein.

Sydney Parkinson wurde 1745 in Edinburgh als Sohn von Joel und Elizabeth Parkinson geboren. Er war erst vier Jahre alt, als sein Vater starb und die Familie sich selbst ernähren musste. Er begann eine Lehre als Tuchhändler, fand aber mehr Gefallen daran, Blüten, Früchte und andere naturkundliche Motive zu malen, und entwickelte bald beachtliches Talent. Vermutlich wurde er in Edinburgh von dem französischen Maler William de la Cour unterrichtet, bevor die Familie nach London

Parkinson war sehr vielseitig und malte auch auf Vellum. Dieser Lotus mit Knospe und Frucht gehört zu seiner Sammlung von zwölf Aquarellen von Pflanzen aus den Gärten von Kew und Hammersmith, die 1867 entstanden.

zog. Dort fand Sydney Arbeit als Blumenmaler bei dem ebenfalls aus Schottland stammenden Pflanzenzüchter James Lee. Durch Lee lernte der junge Parkinson 1767 Banks kennen, der ihn bald darauf beauftragte, Aquarelle der präparierten Tiere anzufertigen, die er von seiner Expedition nach Neufundland und Labrador mitgebracht hatte. Parkinson malte hauptsächlich auf Vellum, eine feine Pergamentart. Nachdem er sein Talent unter Beweis gestellt hatte, bot Banks ihm eine Stelle als Maler auf der *Endeavour* an.

Parkinson war sich der Gefahren einer solchen Reise bewusst und setzte vorher sein Testament auf. Darin legte er fest, dass einige seiner Arbeiten sowie seine Zeichenausrüstung an James Lees Tochter Ann fallen sollten, die er als »meine Schülerin« bezeichnete. Sie war erst 15, als Parkinson sich auf der *Endeavour* einschiffte, entwickelte sich später aber zu einer renommierten Zeichnerin botanischer Motive. Vor der Abreise trug James Lee Parkinson auf, »alles, was er sah, genau zu dokumentieren« und »sich nicht auf sein Gedächtnis zu verlassen«. Genau das tat er.

In Parkinsons veröffentlichtem Journal finden sich viele solcher Beobachtungen, beispielsweise Anmerkungen über den Zustand der See, das Wetter, geografische Länge und Breite oder gelotete Wassertiefen. Über seine Rolle als Zeichner hat er nicht viel notiert. Umso detaillierter sind seine Berichte über die Völker, denen er begegnete. Dass er mit großer Neugier versuchte, etwas über ihre Sitten und Gebräuche sowie ihre Sprachen herauszufinden, ist aus seinen Texten und Illustrationen zu entnehmen. Er muss ein einnehmendes und vertrauenerweckendes Wesen besessen haben, sonst hätte er den Ureinwohnern nicht so nahe kommen und so viel über ihre Sprachen und Sitten erfahren können. Auch Reisegefährten, die die Expedition überlebt haben, beschrieben ihn als liebenswerten jungen Mann mit

»bemerkenswert bescheidenem Benehmen, aufrichtiger Ehrlichkeit und [...] großem Wissensdurst, den er mit unermüdlichem Fleiß stillte«.

Am 13. September 1768 legte das Schiff auf Madeira an und segelte fünf Tage später weiter nach Rio de Janeiro, wo es am 13. November eintraf. Weil der portugiesische Gouverneur ihnen den Landgang nicht gestattete, mussten die Forscher heimlich an der Küste Pflanzen sammeln. In einem Brief an seinen Bruder schrieb Parkinson, er habe bereits 100 Bilder fertiggestellt und zahlreiche weitere Skizzen angefertigt, die er noch ausarbeiten wolle. Im Januar des folgenden Jahres entdeckten die Forscher Tierra del Fuego (Feuerland), wo Banks und Solander »eine Vielzahl von Pflanzen sammelten, mehrere Vögel schossen und sehr zufrieden von ihrer Exkursion an Bord zurückkehrten«.

Jede Gelegenheit zum Sammeln von Pflanzen wurde genutzt. So kam schnell eine große Menge an Material zusammen, die Parkinson bewältigen musste. Er zeichnete immer weniger Tiere, und oft fehlte ihm die Zeit, Aquarelle fertigzustellen. Stattdessen beschränkte er sich auf Skizzen mit kurzen Notizen und Farbproben, um sie später auszuarbeiten.

Wegen der Enge unter Deck waren die Bedingungen zum Zeichnen an Bord schwierig. Aber auch an Land gab es Probleme, vor allem wegen der Fliegen. Nach der Ankunft auf den Gesellschaftsinseln schrieb Banks: »Die Fliegen sind so lästig, dass wir ihretwegen an Land kaum etwas beschicken können. Sie fressen die Farben fast so schnell vom Papier, wie die Maler sie auftragen. Zeichnen sie einen Fisch, so ist es schwieriger, die Fliegen zu vertreiben, als das Bild fertigzustellen«.

Parkinson arbeitete hauptsächlich mit Aquarell, Tusche, Feder und Bleistift auf Papier, es gibt aber auch eine zoologische Illustration auf Vellum. Botanische Motive malte er größtenteils mit Aquarellfarben, Tusche bevorzugte er für Landschaften und ethnografische Zeichnungen. Mit beiden Medien gelangen ihm facettenreiche und informative Darstellungen. Neben einer Fülle botanischer Motive hat er auch 258 zoologische Illustrationen geschaffen – Meereslebewesen, Fische und Vögel. Vor allem bei Wirbellosen kamen sein Geschick und seine Akkuratesse zum Tragen.

Im April 1769 erreichte das Schiff die Gesellschaftsinseln, zu denen auch Tahiti gehört. Parkinson schreibt, dort sei er durch die Wälder gestreift und habe Einla-

Auf Vellum malte Parkinson auch zoologische Motive wie diesen Eisvogel (1767). Er gehört zu einer Serie von 40 Aquarellen, die er in Indien im Auftrag des niederländischen Gouverneurs Joan Gideon Loten nach lebenden Tieren oder Skizzen anfertigte.

dungen der einheimischen Bewohner angenommen. Weiter berichtet er, er habe einige seiner Bilder (vermutlich Porträts) einem Häuptling namens Lycurgus gezeigt, der »sie sehr bewunderte und bei ihrem Anblick sofort die Namen aussprach«.

Parkinson scheint sich auf diesen Inseln sehr wohlgefühlt zu haben. Wie Mr. Stainsby und andere Reisegefährten ließ er sich tätowieren. »Wir unterzogen uns der Operation und ließen unsere Arme verzieren. Die Farbe bleibt in der Haut und kann nicht entfernt werden, ohne diese zu schädigen. Ihr kräftiges Blauviolett ähnelt Hautverfärbungen durch Schießpulver«. Während des viermonatigen Aufenthalts auf den Gesellschaftsinseln stellte Parkinson eine Liste von Pflanzen und deren Verwendung zusammen. Die Art *Spondias dulcis* beschreibt er als stattlichen Baum mit Früchten von der Größe »mittlerer Äpfel, die sich, wenn sie grün sind, für ausgezeichnete Pasteten eignen«. Er notiert, dass Banks und Solander »überaus emsig alles sammeln, was ihnen geeignet scheint, die Naturgeschichte voranzubringen. Auf ihr Geheiß habe ich Zeichnungen von vielen kuriosen Bäumen und anderen Pflanzen angefertigt, auch von Fischen, Vögeln und Kreaturen, die man nicht im Ganzen konservieren und mit nach Hause nehmen kann«.

Nachdem Buchan am 17. April 1769 einem epileptischen Anfall erlag, musste Parkinson auch dessen künstlerisches Pensum übernehmen und neben naturkundlichen Motiven viele andere Reiseeindrücke zu Papier bringen. Seine zarten Bleistift- und Tuschezeichnungen zeigen beispielsweise Frauen, die Rindentuch herstellen, Tänzerinnen, verschiedene Utensilien und zeremonielle Kleidung. Im August nahm Banks »Mr. Parkinson mit zu den Heiva, wo er die Kleider zeichnen sollte«. Offenbar intensivierte sich der Kontakt der beiden Männer und Banks äußerte sich anerkennend über die Heiterkeit, mit der Parkinson nach Buchans Tod auch Zeichnungen anfertigte, die nicht in sein Ressort fielen.

Nachdem die ursprüngliche Mission, den Venusdurchgang zu beobachten, erfüllt war, erhielt Cook den geheimen Auftrag, Terra Australis Incognita (das heutige Australien) und Neuseeland zu suchen, das Abel Tasman über 127 Jahre zuvor gesichtet hatte. Bei der Abreise befanden sich zwei neue Crewmitglieder an Bord – ein tahitianischer Priester mit Namen Tupaia, der polynesische Navigationstechniken beherrschte, und dessen junger Diener. Es wird vermutet, dass Parkinson Tupaia im Zeichnen unterrichtete, denn es gibt eine Reihe von Zeichnungen mit Motiven der polynesischen Kultur, die Tupaia zugeschrieben werden. Signifikant sind diese amateurhaften Zeichnungen, weil Tupaia als erster Polynesier gilt, der gelernt hat, auf Papier zu zeichnen.

Auf der Skizze dieser Pflanze, die Solander *Clusia dodecapetala* genannt hatte, notierte Parkinson: »Staubblätter mit Gummigutt, Stiele und Kelche grün«. Gummigutt ist ein halbtransparenter, gelblich-grüner Farbstoff, der aus dem Harz einiger immergrüner Baumarten aus der Familie *Clusiaceae* gewonnen wird.

Die Überfahrt nach Neuseeland war überaus rau. Parkinson schreibt: »Die Wellen türmten sich wie Berge, und das Schiff rollte dermaßen, dass wir keinen Schlaf finden und kaum in den Kojen liegen konnten. Was beweglich war, fiel zu Boden und wurde hin und her geworfen«. Am 7. Oktober 1769 kam endlich Neuseeland in Sicht. In den folgenden sechs Monaten umsegelte Cook erfolgreich die beiden großen Inseln. Parkinson fertigte zahlreiche Zeichnungen, darunter auch Kanus und Tätowierungen der Maori. Von der üppig grünen Hügellandschaft mit blühenden Sträuchern und stattlichen Palmen, »welche die Luft mit dem herrlichsten Duft erfüllen«, war Parkinson sehr angetan. Auf Anweisung von Banks zeichnete er hier eine große Zahl von Farnen.

Am 19. April 1770 kam der südöstliche Zipfel Australiens in Sicht. Die Erleichterung muss groß gewesen sein, denn Parkinson schreibt »wir waren sehr niedergeschlagen« – wohl auch, weil die Vorräte knapp und die Segel schadhaft waren. Die Bucht, in der sie ankerten, erhielt später den Namen Botany Bay, weil Banks und Solander hier viele neue Pflanzen fanden. Anfang Juni lief das Schiff auf ein Riff. Cook war überzeugt, sein Schiff wäre gekentert, wenn es keinen flachen Boden gehabt hätte. Bis der Schaden repariert war, mussten die Reisenden zwei Monate im Endeavour River verbringen, wo sie weitere Pflanzen sammelten und, wie Solander notierte, erstmals ein Känguru sahen. Auch Parkinson beschrieb das Tier eingehend, fertigte aber nur zwei Bleistiftskizzen von ihm an. In seiner »Vokabelliste der Völker Neuhollands« verzeichnete er das Tier als »Kangooroo: der springende Vierbeiner«.

Dass Parkinson nur zwei Skizzen des Kängurus zeichnete, überrascht nicht, denn sein Arbeitspensum war seit der Ankunft in Australien nochmals angewachsen. Selbst Banks räumt ein: »Unsere Pflanzensammlung war so groß geworden, dass große Sorgfalt notwendig war. Sonst wären viele in den Büchern verfault«. Im Juli notiert Banks, das »Botanisieren ist erfolglos. Wir sind mit den Pflanzen fertig und finden nichts Neues«. Parkinson war vermutlich erleichtert. Nach der Abreise aus der Botany Bay hält Banks eine Bemerkung über Parkinsons Einsatz fest: »Heute Abend wurden wir mit den Pflanzen aus dem letzten Hafen fertig. Dieses Mal haben wir sie in Blechkästen mit nassen Lappen frisch gehalten. In nur 14 Tagen hat ein Zeichner 94 Skizzen angefertigt. So flink hat die Übung seine Hand gemacht«.

Am 1. Oktober erreichten sie Java und neun Tage später schließlich Batavia. Dort waren die hygienischen Bedingungen schlecht, und im tropischen Klima vermehrten sich Mücken, die Malaria übertrugen. Parkinson verfasste einen ausführlichen Bericht über den Aufenthalt, in dem er anmerkte, die stehenden Gewässer seien ein ideales Brutgebiet für Mücken, und aufgrund der schlechten Hygiene sei die Gefahr von Ruhr und Malaria groß. Da am Schiff größere Reparaturen nötig waren, zog sich der Aufenthalt hin und fast alle Besatzungsmitglieder erkrankten. Der junge Diener Tupaias starb an Malaria, drei Tage später erlag auch Tupaia selbst der Krankheit. Am 28. Dezember trat das Schiff die Heimreise an. Ein Ausbruch der Ruhr forderte weitere Menschenleben. Sydney Parkinson starb am Abend des 26. Januar.

Viele der gesammelten Pflanzen und Tiere wurden erst 50 Jahre später identifiziert und beschrieben, denn Banks publizierte nicht selbst. Stattdessen gewährte er anderen Wissenschaftlern Zugang zu seinen Sammlungen und Manuskripten.

Parkinson war ungemein vielseitig und schuf auf der Reise der *Endeavour* auch zahlreiche schöne Landschaftsbilder und ethnografische Zeichnungen wie diese, die einen Priester aus Raiatea in Französisch-Polynesien darstellt. Nach vielen seiner Aquarelle wurden Stiche hergestellt und postum in seinem *Journal* veröffentlicht.

Es dauerte sogar fast 200 Jahre, bis Parkinsons Werke veröffentlicht wurden. Das Natural History Museum in London gab in den 1980er-Jahren *Banks Florilegium* heraus, das mit 100 Kupferstichen illustriert war.

In seinem kurzen Leben hat der talentierte Parkinson ein wichtiges historisches und wissenschaftliches Erbe hinterlassen, das viele damals neue Pflanzen und Tiere aus der ganzen Welt umfasst. Er war der erste Europäer, der die Ureinwohner Australiens aufgrund eigener Beobachtungen zeichnete. Seine ethnografischen Studien und seine Landschafts- und Küstenmotive zählen zu den schönsten visuellen Dokumenten der westlichen Wissenschaft und haben Standards für künftige Forschungsreisen gesetzt. Parkinsons naturkundliche Werke befinden sich heute im Natural History Museum in London, seine ethnografischen Studien und Landschaften in der British Library.

MARK CARINE

JOHANN FORSTER

Naturforscher, Ethnologe und Ethnograf

Am 11. Juni 1772 wurde Johann Reinhold Forster (1729–1798) beauftragt, als Naturforscher an James Cooks zweiter Weltumsegelung teilzunehmen. Forster stimmte zu, stellte aber die Bedingung, dass auch sein damals 17-jähriger Sohn Johann Georg Adam Forster, genannt Georg, als wissenschaftlicher Zeichner mit von der Partie sei. Am Kap der Guten Hoffnung engagierte Forster angesichts des Umfangs der vor ihm liegenden Aufgabe Anders Sparman als Gehilfen.

Cook wollte so weit wie möglich nach Süden segeln, um den damals unbekannten »großen Südkontinent« zu finden, die sagenumwobene Terra Australis Incognita. Seine erste Reise war ein großer Erfolg gewesen und hatten Cook selbst sowie den Naturforschern Joseph Banks und Daniel Solander beachtlichen Ruhm eingetragen. Banks wollte auch an Cooks zweiter Reise teilnehmen. Um ihn und seine Entourage unterbringen zu können, mussten an der HMS *Resolution* umfangreiche Umbauten und der Einbau eines erhöhten Oberdecks vorgenommen werden. Dadurch wurde das Schiff aber topplastig, was seine Seetüchtigkeit infrage stellte, also wurde es wieder entfernt. Als Banks bei einer Besichtigung Ende Mai sah, wie wenig Platz für sein Team zur Verfügung stand, zog er sich wenige Wochen vor der Abreise von dem Projekt zurück.

Der Graukopfliest, *Halcyon leucocephala*, ist in den Tropen und Subtropen Afrikas und auf der arabischen Halbinsel heimisch. Aquarell von Georg Forster, ca. 1772.

Alcedo senegalensis β. L.N.XIII. 456.

Johann (links) und Georg Forster (rechts) bei der Arbeit im Feld. Das Bild wurde 1780, also einige Jahre nach der Rückkehr, von John Francis Rigaud (1742–1810) in England gemalt.

Obwohl Forster erst spät als Ersatzmann berufen wurde, war er qualifiziert und auch zur Reise bereit. In einer Widmung in einem Buch hatte er bereits 1771 zum Ausdruck gebracht, dass er gern an der zweiten Reise teilnehmen wollte. Außerdem besaß er umfassende Kenntnisse der Naturkunde. Der junge Deutsche hatte zwar Theologie studiert, aber bereits Pflanzen für den bekannten Botaniker Gottfried Reyger in Danzig gesammelt. Danach war er mit der Aufsicht über den Bau deutscher Siedlungen betraut, die auf Einladung von Kaiserin Katharina der Großen an der Wolga entstanden. Nachdem er einen überaus kritischen Bericht abgeliefert hatte, wurde er unehrenhaft und ohne Bezahlung entlassen. Er hatte aber während der Zeit an der Wolga mehrere Publikationen über die Naturgeschichte der Wolgaregion verfasst. 1766 zog er nach England um, wo er als Lehrer arbeitete und Reiseberichte bekannter Forscher übersetzte. Er beschäftigte sich mit Mineralogie und Entomologie und korrespondierte mit bedeutenden Naturforschern wie Banks. 1772 wurde er in die Royal Society aufgenommen, was seinen Ruf als führenden Naturforscher endgültig bestätigte. Lord Sandwich, der erste Lord der Admiralität, schrieb im Zusammenhang mit seiner Teilnahme an der Reise, er sei »einer der bestgeeigneten Männer Europas für ein solches Unternehmen«. Auch Carl von Linné, der damals bedeutendste Naturforscher, sprach sich für Forster aus und schrieb diesem, der König »hätte keinen fähigeren Mann wählen können. Dass Sie als Mann reifen Alters es wagen, Frau und Familie zurückzulassen, und aus Liebe zur Wissenschaft mit Ihrem berühmten Sohn eine so gefährliche Reise unternehmen, spricht für einen Heldenmut, der sich mit dem von Kriegshelden messen kann«. Forsters »berühmter Sohn« Georg war zwar erst 17, hatte aber bereits publiziert. Ob er auch eine künstlerische Ausbildung besaß, ist nicht bekannt, er war aber talentiert, und

Portrait von Georg Forster, ca. 1785,
J.H.W. Tischbein zugeschrieben.

sein Gehilfe Sparman beneidete ihn um seine »zeichnerische Hand«.

Die Forsters hatten wenig Zeit für Reisevorbereitungen. Am 13. Juli, nur einen Monat nach ihrer Berufung, stachen sie in Plymouth mit der *Resolution* in See. Stationen der Reise waren Madeira, die Kapverden und das Kap der Guten Hoffnung, dann ging es weiter durch die Antarktis, nach Neuseeland und in den Pazifik. Noch zweimal steuerten sie die Antarktis an und kehrten zwischendurch zur Erholung wieder in nördlichere Breiten zurück. Drei Jahre später trat die *Resolution* die Rückreise über das Kap der Guten Hoffnung, die Atlantikinseln St. Helena und Ascension sowie die Azoren an und lief am 30. Juli 1775 wieder in Portsmouth ein.

Soweit bekannt, wurde auf dieser Reise erstmals der Südpolarkreis überquert. Unter monatelang härtesten Bedingungen segelten die Forscher bis auf 75 Kilometer an die Küste der Antarktis heran und widerlegten damit die Existenz der Terra Australis. Sie entdeckten und kartografierten neue Gebiete: Neukaledonien und die Norfolkinsel im Pazifik sowie die Südlichen Sandwich-Inseln im südlichen Atlantik. Durch akkurate Zeitmessung konnten sie erstmals die Längengrade anderer Inseln bestimmen. Außerdem erfuhren europäische Wissenschaftler durch die Reise viel über die Artenvielfalt und die Völker des Pazifikraums, der Südsee und der Atlantikinseln.

Für die Naturforscher war die Reise nicht einfach. Forster beklagte sich bitter über die beengten Verhältnisse an Bord. Beim Landgang stellten sie oft fest, dass die Pflanzen aufgrund der Jahreszeit nicht blühten. Für längere Erkundungen des Landes genügte die Zeit nicht, und beim Beschreiben und Dokumentieren der vielen gesammelten Pflanzenproben war der Zeitdruck so groß, dass oft bis in die Nacht oder bis zum Morgen gearbeitet werden musste. Auch Forsters Temperament hat zu Spannungen an Bord geführt. Ein Fähnrich beschrieb ihn als »eins der unangenehmsten Subjekte dieser Zeit«.

Trotz all dieser Schwierigkeiten gelangen Forster von Beginn der Reise an neue Entdeckungen und Beobachtungen. Einen Monat nach der Abreise aus England erreichte das Schiff am 14. August 1772 Santiago auf den Kapverden. Dort sammelten sie Pflanzen, von denen elf Arten gezeichnet wurden, und veröffentlichten einen Bericht über die 38 gefundenen Arten, von denen drei bisher unbekannt gewesen waren. In der südafrikanischen Kap-Region sammelten sie zwischen dem 30. Oktober und 22. November mit Carl Peter Thunberg, einem Schüler Linnés, und mit Francis Masson, der mit der *Resolution* reiste, Pflanzen für die Kew Gardens in

Die Forsters haben die Tiere, die sie in der Kap-Region sahen, eingehend studiert und sowohl lebende als auch präparierte Exemplare gesammelt. Diese Springböcke *(Antidorcas marsupialis)* hat Georg Forster gemalt.

London. Auf einem erneuten Stopp auf der Rückreise kaufte Forster am Kap Felle sowie präparierte und lebende Tiere, um sie dem König zu überreichen. Außerdem entwarf er Manuskripte über die zoologischen Entdeckungen.

Die drei Antarktisreisen wurden jeweils während der Sommer zwischen 1772 und 1775 auf der Südhalbkugel unternommen. Forster klagte über die viele Zeit, die in Polnähe verbracht wurde, und die daraus resultierenden Einschränkungen für ihre Arbeit. Trotzdem studierten sie die dort vorgefundenen Vögel eingehend, und Forster veröffentlichte anschließend Monografien über Albatrosse und Pinguine, in denen bislang unbekannte Arten beschrieben wurden.

An verschiedenen Stationen befasste Forster sich mit der Geologie. Sein 1778 veröffentlichtes Werk *Observations Made During a Voyage Around the World* lieferte neue Erkenntnisse über die Merkmale verschiedener Inseltypen.

Da das Schiff zweimal Neuseeland ansteuerte und während des dortigen Winters zweimal große Strecken durch den Südpazifik zurücklegte, konnten sich die Forscher neben der Naturgeschichte auch mit den Einheimischen beschäftigen. Forster war fasziniert von den polynesischen Sprachen und stellte Vokabellisten und Vergleichstabellen zusammen. Seine *Observations* enthalten ebenso wie das 1777 von seinem Sohn veröffentlichte Werk *A Voyage Round the World in His Britannic Majesty's Sloop Resolution* detaillierte Berichte über die Sitten und Gebräuche von Pazifikvölkern.

Als die Forsters 1775 nach England zurückkehrten, hatten sie Tausende Proben gesammelt und ihre Funde in Hunderten von Zeichnungen, umfangreichen Notizen und Manuskripten dokumentiert. Obwohl Banks und Solander ihre Forschungsergebnisse von der ersten Reise mit Cook noch nicht publiziert hatten, wollten die Forsters ihre Resultate möglichst schnell veröffentlichen.

Ihr erstes wichtiges Werk *Characteres Genera Plantarum* (1775 und 1776) enthielt Beschreibungen von 75 neuen Gattungen und 94 neuen Arten, die sie gefunden hatten. Es war die erste Publikation über die Botanik des Pazifikraums. Leider waren die Beschreibungen kurz und oft auch fehlerhaft. Außerdem wurde kritisiert, dass Georg 78 Pflanzen in natürlicher Größe gezeichnet hatte. Dadurch blieb viel Papier leer, und die Schnittzeichnungen waren schlecht zu erkennen. Forster bedauerte später, dass er die Proben von Banks und Solander nicht gesehen und die vorherigen Pazifikforscher vor der Veröffentlichung der *Characteres* nicht um ihre Meinung gefragt hatte. Trotz ihrer Defizite sind die *Characteres* ein wichtiges Werk über die Botanik des Pazifikraums.

Die *Characteres* sollten nur ein Vorspiel zu umfangreicheren Abhandlungen über die Reiseentdeckungen sein. Forster hatte mindestens einen Entwurf für einen Bericht über die Tierfunde der Reise im August 1775 vorbereitet, der aber zu seinen Lebzeiten nicht veröffentlicht wurde. Andere Wissenschaftler verwendeten das Manuskript im frühen 19. Jahrhundert für Abhandlungen über die Fische und Vögel, der gesamte Text wurde aber erst 1844 publiziert, nachdem viele der dort erwähnten Arten bereits von anderen Forschern beschrieben worden waren. Dass Forster seine Ergebnisse nicht selbst veröffentlichte, hat verschiedene Gründe. Spannungen zwischen den Forsters und der Admiralität sowie den anderen Beteiligten der Reise haben dabei zweifellos eine Rolle gespielt.

Lord Sandwich, der erste Lord der Admiralität, beauftragte Forster, die wissenschaftlichen, ethnografischen und linguistischen Ergebnisse aufzubereiten, während Cook den Reisebericht verfassen sollte. Die Bildtafeln sollten auf beide Werke verteilt werden. Forster lieferte einige Kapitelentwürfe zur Begutachtung. Sandwich fand, dass diese Cooks Darstellung widersprachen und forderte Korrekturen, die Forster verweigerte. Forster wollte nicht nachgeben, durfte aber seine eigene Darstellung erst nach Erscheinen des offiziellen Reiseberichts veröffentlichen. So veranlasste er seinen Sohn Georg, der an die Abmachung nicht gebunden war, auf Grundlage der väterlichen Aufzeichnungen ein Buch zu erfassen. *A Voyage* erschien 1777 sechs Wochen vor Cooks Bericht, enthielt aber keine Abbildungen und wurde darum von Cooks illustriertem Werk bald übertrumpft. Die Situation verschärfte sich, als der Schiffsastronom William Wales 1778 in einer umfangreichen Kritik erklärte, die Forsters seien zu eigenständigen Werken nicht fähig. Georg wehrte sich, aber der von Wales ausgesprochene Vorwurf des Plagiats hielt sich hartnäckig.

Kurz nach der Veröffentlichung der *Characteres Genera Plantarum* und noch vor den anschließenden Kontroversen wurde Georg mit nur 22 Jahren in die Royal Society aufgenommen. Diese Ehrung zeigt, wie bedeutsam seine wissenschaftlichen Leistungen während der Reise waren. Wegen der anschließenden Kontroversen fanden die Forsters jedoch in England keine Anstellung mehr. Beide gingen nach Deutschland. Johann wurde 1779 Professor an der Universität Halle, wo er bis zu seinem Tod blieb. Georg erwarb sich durch eine Übersetzung seines Werks Ruhm

Aquarell der *Jatropha curcas* (Euphorbiaceae) von Georg Forster. Die Forsters haben diese Art 1772 auf den Kapverdischen Inseln entdeckt. Sie stammt aus Süd- und Mittelamerika, ist aber heute überall in den Tropen verbreitet.

191
Barringtonia speciosa. Fl. Austr. p. 47. n. 255.
published in Cook's voyage vol. 1. tab. 24
and in J. F. Miller's plates tab. 7.
258

Aquarell der Distelart *Carthamus lanais*, skizziert von Georg Forster auf Madeira während des Aufenthalts im August 1772, fertiggestellt 1773.

(Reise um die Welt während den Jahren 1772 bis 1775) und bekleidete Positionen an den Universitäten von Kassel, Vilnius (heutiges Litauen) und Mainz. Georg sympathisierte mit den Ideen der französischen Revolution und war 1792, als die Franzosen Mainz besetzten, an der Gründung der Mainzer Republik beteiligt. Er reiste nach Frankreich, um deren Interessen zu vertreten. Nach der Rückeroberung der Stadt Mainz durch die Deutschen verbrachte er seine letzten Lebensjahre im Pariser Exil.

Heute befinden sich Teile der Forster'schen Sammlungen in verschiedenen Institutionen in ganz Europa. Diese sind, ebenso wie ihre Zeichnungen und die veröffentlichten und unveröffentlichten Werke noch immer für die Anthropologie, Botanik, Zoologie und Geografie von Bedeutung. Sie haben zahlreiche spätere Naturforscher beeinflusst, darunter auch Alexander von Humboldt, einen der bedeutendsten Wissenschaftler des 19. Jahrhunderts. Die Erfahrungen, die Cook mit den Forsters, vor allem Johann, gemacht hatte, führten aber dazu, dass auf seiner dritten Reise keine Naturforscher an Bord waren. Wäre Johann Forster nicht »eins der unangenehmsten Subjekte dieser Zeit« gewesen, hätte sein Werk vielleicht größere Würdigung erfahren.

Aquarell der *Barringtonia speciosa* von Georg Forster auf Grundlage eines Exemplars, das die Forsters auf Tahiti gefunden und als neue Art beschrieben hatten.

HANS WALTER LACK

ALEXANDER VON HUMBOLDT

Mein Erbe für meine Expedition

Nur wenige junge Männer haben ihr geerbtes Vermögen so zielgerichtet und wirkungsvoll in den Dienst der Wissenschaft gestellt wie Alexander von Humboldt. Als seine Mutter Marie-Elisabeth im November 1796 starb, wurde ihr Nachlass auf ihre drei Söhne aufgeteilt. An Alexander fielen ein beachtlicher Anteil am Anwesen Ringenwalde (heutiges Dyszno, Polen), damals ein Dorf mit 300 Einwohnern, sowie der damals riesige Betrag von 38.000 Talern Bargeld. Mit diesem Vermögen konnte er seine berühmte Expedition nach Amerika finanzieren, viele Jahre komfortabel in Paris leben und viele seiner Forschungsergebnisse veröffentlichen.

Friedrich Wilhelm Heinrich Alexander Freiherr von Humboldt wurde am 14. September 1769 in Berlin geboren. Humboldt wurde von einer beeindruckenden Liste ausgewählter Privatlehrer ausgebildet und war von Anfang an dazu bestimmt, Mitglied der preußischen Elite zu werden. In seiner Kindheit und Jugend zeigen sich bereits erste Anzeichen für ein besonderes Interesse an der Natur, insbesondere für Insekten, Steine und Pflanzen, was ihn dazu bewegte, den Kontakt zu Carl Ludwig Willdenow zu suchen, der damals Medizinstudent an der Universität Halle war. Zwischen den beiden Männern entwickelte sich eine dauerhafte Freundschaft.

Nach der Rückkehr nach Paris begannen Humboldt und Bonpland, ihre Entdeckungen zu veröffentlichen. Eine davon war *Meriania speciosa*, ein damals unbekannter Strauch oder kleiner Baum, den sie im heutigen Kolumbien gefunden hatten.

Oben links: Nach der Expedition ließ sich Humboldt bei einem Besuch in seiner Geburtsstadt Berlin porträtieren. Das Bild zeigt ihn mit *Meriania speciosa*, kopiert von dem Kupferstich in der gerade erschienenen Veröffentlichung.

Oben rechts: Das *Journal Botanique* lässt vermuten, dass Orchideen Humboldt besonders faszinierten. Dieser Kupferstich basiert auf einer Federzeichnung der *Anguloa superba,* die er im Feld angefertigt hatte.

Jahre später schrieb Humboldt aus Havanna an Willdenow: »Ich weiß noch, wie botanische Studien [...] in mir den Wunsch weckten, die Tropen zu bereisen [...]. Beim Anblick exotischer Pflanzen in den Herbarien stellte ich mir vor, welche Verheißungen die Vegetation warmer Klimata noch bergen mochte«. Humboldt studierte an den Universitäten von Frankfurt an der Oder und Göttingen, dann an der Bergakademie in Freiberg. Danach war er kurze Zeit als Bergbeamter im Staatsdienst tätig.

Wie viele andere junge Männer aus begüterten Familien unternahm Humboldt schon früh weite Reisen, auch außerhalb des Heiligen Römischen Reichs – nach England, Frankreich und in die Niederlande. Im Spätsommer 1797 notierte er in Wien: »Ich bin einige Monate hier und in Schönbrunn geblieben, um mich mithilfe der hier verwahrten unbeschreiblichen Schätze auf meine Reise in die Tropen vorzubereiten«. Damit spielte er auf die Sammlungen lebender und präparierter Pflanzen und Tiere, Mineralien und Artefakte an, die Nikolaus Joseph Jacquin und andere von den Inseln der Karibik und aus dem Norden Südamerikas nach Wien geschickt hatten. Im folgenden Jahr machte sich Humboldt in Paris mit dem Muséum d'Histoire Naturelle (einschließlich dem Jardin des Plantes) vertraut, auf das er später regelmäßig zurückgriff. Durch Zufall lernte er dort den vier Jahre jüngeren Arzt und Botaniker Aimé Bonpland kennen. Die ungleichen Männer, die französisch miteinander sprachen, brachen im Oktober 1798 zu einer Expedition in die Tropen auf.

Da Humboldt keinem Vorgesetzten gegenüber rechenschaftspflichtig war und als Privatmann mit seinem Gefährten reiste, gab es keine Anweisungen für die Expedition. Aus seinen Briefen geht auch nicht hervor, dass ein bestimmtes Forschungsgebiet im Mittelpunkt stand. Humboldt beschäftigte sich mit Naturkunde (Flora, Fauna, Fossilien, Mineralien und Gesteinsproben), Geografie im weitesten Sinne (Topografie, Ozeanografie und Ökonomie), aber auch mit Astronomie, Vulkanologie, Archäologie und Soziologie. Entgegen verbreiteter Meinung war nicht einmal die Route vorher geplant, sondern hing vielfach von verfügbaren Schiffen ab. In Madrid wandte sich sein Interesse entschieden der Neotropis zu. Humboldt schrieb: »Ich bin seit fünf Tagen hier und bewundere die zahlreichen Pflanzen aus Südamerika im Botanischen Garten. Über Afrika denke ich nicht mehr nach. Von hier aus werde ich nach Teneriffa fahren, dann wahrscheinlich zu den erbaulichen Dänisch-Westindischen Inseln [heute Jungferninseln, USA]«. Bei der Abreise fasste Humboldt seine Absichten zusammen: »Mit wärmsten Empfehlungen [von Carlos IV, König von Spanien] und durch viele glückliche Umstände breche ich zu meiner großen Reise auf [...] Ich werde Pflanzen und Fossilien sammeln [...] wenngleich dies nicht der Hauptzweck der Reise ist. Mir geht es um das Zusammenwirken von Faktoren, ich werde meinen Blick immer auf den Einfluss der unbelebten Schöpfung auf die lebende Flora und Fauna richten [...[«.In die moderne Terminologie übersetzt, konzentrierte sich Humboldt vor allem auf die Ökologie im Hinblick auf das Zusammenspiel unbelebter Faktoren wie Klima, Höhe und Exposition der Pflanzen und Tiere.

Die 37 cm hohe Statue der Chicomecoatl, der aztekischen Göttin des Maises, stammt etwa aus dem Jahr 1350. Humboldt brachte das archäologische Fundstück von der Expedition mit und schickte sie nach Berlin.

Vermutlich haben sich die beiden Reisegefährten die Arbeit aufgeteilt. Humboldt hat zahllose Messungen unbelebter Faktoren, z. B. der Topografie, durchgeführt, während Bonpland sich auf das Sammeln und Dokumentieren der Tier- und Pflanzenvielfalt konzentriert hat. Für diese Hypothese sprechen zwei Serien von Manuskripten, einerseits Humboldts umfangreiches *Amerikanisches Reisetagebuch,* das sich heute in der Staatsbibliothek in Berlin befindet, und andererseits Bonplands umfassendes *Journal Botanique,* das in der Bibliothèque Centrale des Muséum National d'Histoire Naturelle in Paris verwahrt wird. Die beiden Manuskripte ergänzen sich gegenseitig und sollten zusammen begutachtet werden. Inhaltlich unterscheiden sie sich stark voneinander. Margot Faak bemerkte sehr richtig, das *Amerikanische Reisetagebuch* enthalte »neben Berichten über die Expedition [...] zahlreiche andere wissenschaftliche Notizen – astronomische, geomagnetische, barometrische, botanische und zoologische, um nur einige zu nennen [...]. Unter diesen wissenschaftlichen Notizen finden sich Tabellen mit Maßen, Erklärungen seiner eigenen Messtechniken und Vergleiche mit denen anderer Forscher, Anmerkungen zu den verwendeten Instrumenten, Einzelheiten zu den Messungen, Beschreibungen von Bergen, Mineralien, Flüssen und Seen [...]. Durch spätere Ergänzungen und Erweiterungen seiner eigenen Notizen und Berichtigungen früherer Fehler wird das Ganze umso verwirrender«. Bonplands *Journal Botanique* hingegen ist ein Werk mit Einträgen zu Feldstudien, die fortlaufend von 1 bis 4528 nummeriert sind. Jeder enthält eine kurze Beschreibung der betreffenden Pflanze, eine vorläufige Bestimmung sowie Angaben zu Fundort und Datum. Nur wenige Einträge zeigen Humboldts Handschrift. In gewisser Weise ist das *Journal Botanique* das Handbuch zu den botanischen Sammlungen, die auf der Reise zusammengetragen wurden, und die wesentlich umfangreicher sind als das Material anderer Forschungsfelder wie Paläontologie, Archäologie oder Geschichte der Azteken. Neben zahlreichen Proben und ausgewählten Artefakten brachten die Forscher auch umfangreiches Bildmaterial zu Forschungsgebieten wie Botanik, Zoologie, Topografie und Archäologie mit, von dem aber ein Teil verloren gegangen ist.

Abweichend von Humboldts Ankündigung im Schreiben aus Madrid hielten er und Bonpland nicht auf den Dänisch-Westindischen Inseln, sondern reisten fast vier Jahre lang durch die spanischen Vizekönigreiche Neugranada, Peru und Neuspanien, die dem heutigen Gebiet von Venezuela, Kuba, Kolumbien, Ecuador, Peru und Mexico entsprechen. Darauf folgte ein kurzer Aufenthalt in den USA, bevor sie nach Paris zurückkehrten. Entgegen verbreiteten Meinungen drangen Humboldt und Bonpland nur selten in unbekannte Gebiete vor, etwa als sie in Begleitung des in Quito geborenen Adrilen Carlos Montúfar y Larrea versuchten, den 6310 Meter hohen Gipfel des Chimborazo zu besteigen. Dabei litten die Männer an akuten Symptomen der Höhenkrankheit, die von Humboldt erstmals ausführlich

Darstellung des Chimborazo (6310 m), bevor Humboldt und seine Gefährten ihn zu besteigen versuchten. 1300 m vor dem Gipfel mussten sie aufgeben.

beschrieben wurden. Andere kritische Situationen ergaben sich bei einer langen Kanutour entlang des Flusses Orinoco, bei welcher Humboldt, der nicht schwimmen konnte, von Bonpland gerettet wurde. Bei den immer wiederkehrenden Tropenkrankheiten half Humboldt dem fiebernden Bonpland.

Es wäre falsch zu behaupten, Humboldt und Bonpland hätten in botanisch jungfräulichem Land gesammelt, da die sehr umfangreichen wissenschaftlichen Sammlungen der früheren spanischen Expedition nicht ignoriert werden dürften, obwohl nur wenige davon veröffentlicht worden waren, als Humboldt und Bonpland nach Paris zurückkehrten.

In den folgenden 23 Jahren lebte Humboldt mit Unterbrechungen in Paris und widmete sich der Veröffentlichung der Ergebnisse seiner Expedition. Sein großformatiges *Voyage aux Regions Équinoxiales du Nouveau Continent* bestand aus sechs Teilen, die sein breit gefächertes Interesse widerspiegeln. Der erste Teil ist eine Reisebeschreibung, die unvollendet geblieben ist. Dasselbe gilt für den dritten Teil, eine politische Abhandlung über das Vizekönigreich Neuspanien, die sich nur mit diesem großen Gebiet beschäftigt, obwohl die Forscher zwei weitere Vizekönigreiche besucht hatten. Im vierten Teil sind verschiedene astronomische, trigonometrische und barometrische Ergebnisse zusammengefasst. Zoologie im weitesten Sinne ist das Thema des zweiten Teils, im sechsten Teil geht es um die Botanik und im fünften um die Ökologie, wenngleich es diesen Begriff damals noch nicht gab. Das Werk wurde in Paris gedruckt und war mit zahlreichen ganzseitigen Illustrationen und Landkarten für damalige Verhältnisse luxuriös ausgestattet. Finanziert wurde das Werk mit Humboldts eigenen Mitteln, aber auch Subskriptionen und Vorauszahlungen sowie Geld von Sponsoren. Letztlich hatte aber Humboldt die Kontrolle über die *Voyage aux Régions Équinoxiales.*

Neben finanziellen Mitteln steuerte Humboldt auch zahlreiche Texte für die Teile eins, drei, vier und fünf bei. Am zoologischen Teil arbeitete er mit Bonpland und anderen zusammen. Viel geringer war Humboldts Anteil am botanischen Teil, der mit insgesamt 19 Bänden das umfangreichste Werk ist. Den Großteil der botanischen Texte schrieben Bonpland und Carl Sigismund Kunth, der Neffe eines seiner Lehrer: zahlreiche Beschreibungen von Gattungen und Arten, die der Wissenschaft bis dahin unbekannt waren. Die meisten Texte entstanden in Paris, weil dort die Arbeitsbedingungen – auch für Kupferstecher und Drucker – vorteilhaft waren. Nur die Moose wurden in London veröffentlicht. Relativ wenige Illustrationen basierten auf Humboldts und Bonplands Feldskizzen. Beispiele sind Stiche der Orchideen-

Humboldt und Montúfar waren mehrere Tage auf einem solchen Floß aus Balsaholz unterwegs, um den Ausbruch des Vulkans Cotopaxi (5897 m) aus der Nähe zu beobachten.

art *Acineta superba* und des Schwarzgesicht-Uakari *(Cacajao melanocephalus)*, bei welchen die Skizzen von Humboldt als Vorlage dienten. Im Gegensatz dazu bildeten viele Herbarium-Exemplare die Grundlage für die Federzeichnungen, die von Pariser Illustratoren, insbesondere von Pierre Jean François Turpin, angefertigt wurden. Dieses monumentale Werk als einzige Frucht der Expeditionen zu betrachten, wäre völlig unzutreffend. Bis zu seinem Tod veröffentlichte Humboldt in verschiedenen wissenschaftlichen Zeitschriften zahlreiche weitere Artikel über seine Beobachtungen und Entdeckungen in den Tropen Amerikas.

Humboldt war sich der Bedeutung seiner umfangreichen Sammlung bewusst und sorgte in beispielhafter Weise für ihre Verteilung. Seine Pflanzenproben teilte er zwischen dem Muséum National d'Histoire Naturelle und dem Botanischen Museum Berlin auf. Seine archäologischen Funde und Manuskripte über die Azteken gingen größtenteils an die Staatlichen Museen und die Staatsbibliothek der preußischen Hauptstadt, die geologischen Proben und das Manuskript seines berühmten *Essai* erhielt das Muséum, Beschreibungen seiner Eindrücke der Natur das Institut de France. Bis zu seinem Lebensende hatte Humboldt einen ausgestatteten Schreibtisch im Observatoire in Paris, das der berühmte Mann regelmäßig besuchte. All das erzählt von zwei Eckpfeilern seines Lebens – Paris und Berlin.

Angesichts seiner enorm umfangreichen Publikationen und seiner Schlüsselrolle für die Entwicklung und Förderung der modernen Naturwissenschaft wurde der

Der Schwarzgesicht-Uakari *(Cacajao melanocephalus)*, der sich von Früchten und Samen ernährt, war eine bislang unbekannte Affenart, die Humboldt im heutigen Kolumbien entdeckte und beschrieb.

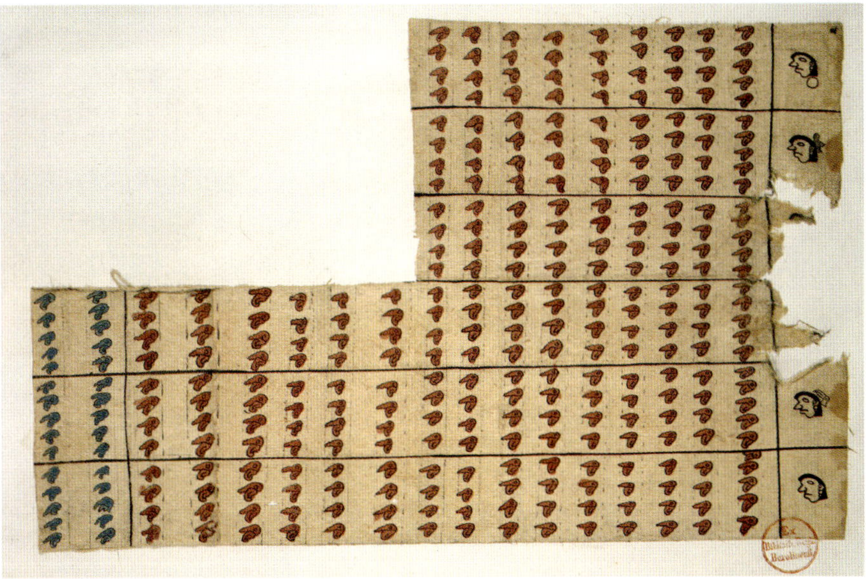

Kaum ein Dokument belegt so anschaulich, wie breit gefächert Humboldts Interessen waren: Es handelt sich um eine aztekische Rechnung für eine Lieferung von Truthähnen.

vielsprachige Kosmopolit Humboldt selbst zu einer Legende. Auf drei Kontinenten wird er durch Statuen und Gedenktafeln gewürdigt, beispielsweise im New Yorker Central Park oder Unter den Linden in Berlin. Aus gutem Grund gilt er heute als einer der bedeutendsten Wissenschaftler preußischer Herkunft und einer der positiven Helden Deutschlands. Wodurch drückt sich Ruhm in der Wissenschaft aus? Vielleicht dadurch, dass größere Gebiete oder Phänomene nach einer Person benannt werden? Dann hat Humboldt einen sehr hohen Rang. Ein Beispiel dafür ist der Humboldtstrom, ein kaltes Strömungssystem an der Westküste Südamerikas zwischen Chile und dem Norden Perus, das für den kommerziellen Fischfang von großer Bedeutung ist. Sein Name geht auf Messungen der Wassertemperatur zurück, die Humboldt durchgeführt und in seinem letzten Werk *Kosmos* 40 Jahre nach seiner Rückkehr nach Europa veröffentlicht hat.

PAUL MARTYN COOPER

FERDINAND BAUER

Botanische Zeichnungen aus Australien

Der Botanikzeichner Ferdinand Bauer und sein älterer Bruder Franz gelten als Meister ihres Fachs. Sie waren im 18. und 19. Jahrhundert aktiv und werden in historischen Veröffentlichungen oft in einem Atemzug genannt, weil sie dieselbe Ausbildung genossen haben. Beide haben sich auf botanische Illustrationen spezialisiert, sind dann jedoch beruflich verschiedene Wege gegangen. Franz hat sich für ein ruhiges Leben als Zeichner der Kew Gardens entschieden, während Ferdinand der Sinn nach Reisen und Abenteuern stand.

Ferdinand kam am 20. Januar 1760 im österreichischen Feldsberg (heute Valtice in der Tschechien Republik) zur Welt, knapp zwei Jahre nach seinem Bruder Franz. Ihr Vater Lukas war Hofmaler des Prinzen von Liechtenstein, der eine Sommerresidenz in Feldsberg besaß. Lukas malte hauptsächlich dekorative Blumenmotive und Jagdszenen. Als er am 28. Juli 1762 starb, hinterließ er eine Witwe und sieben Kinder. Teresa Bauer förderte das künstlerische Talent ihrer Söhne. Offenbar begegnete die Familie Liechtenstein den Bauers mit wohlwollendem Interesse, und der Hofleibarzt Dr. Norbert Boccius lehrte die damals Jugendlichen, wissenschaftlich exakte Pflanzenzeichnungen anzufertigen. Boccius interessierte sich für die Botanik und war damit beschäftigt, eine Sammlung von Zeichnungen von Pflanzen der

Der Gattungsname *Brunonia* wurde zu Ehren des Botanikers Robert Brown vergeben. Dies ist eine der wenigen Pflanzenzeichnungen von Bauer, die bald nach der Australienreise veröffentlicht wurden.

Region um Feldsberg zusammenzustellen. Dieses *Liber Regni Vegetabilis* umfasst fast 3000 Bilder, davon etwa 1800 von Franz, Ferdinand und ihrem jüngeren Bruder Joseph. Von Boccius lernten die jungen Männer auch das methodische Erstellen von Farbtabellen mit Zahlencodes. Die noch erhaltenen Bleistiftskizzen sind mit Ziffern beschriftet, die sich auf eine Tabelle mit 140 Farbtönen beziehen. So konnten sie zu einem späteren Zeitpunkt farblich korrekt ausgearbeitet werden. Anfang der 1780er-Jahre studierten Ferdinand und Franz an der Akademie der Künste in Wien. Dort lernten sie Nikolaus von Jacquin kennen, den Leiter des botanischen Gartens der Universität. Er beauftragte sie, Zeichnungen für sein Werk *Icones Plantarum Rariorum* zu erstellen, das er in mehreren Teilen herausgab. Es enthielt Wildpflanzen aus der Region um Wien und Pflanzen aus dem botanischen Garten. Zu dieser Zeit verwendete Ferdinand einen umfangreicheren Farbcode und lernte, mithilfe einer Lupe Schnittzeichnungen anzufertigen.

Wahrscheinlich hat Jacquin Ferdinand und Franz von seiner Reise in die Karibik und nach Südamerika (1755–1759) berichtet. Er hatte damals vom österreichischen Kaiser Franz I. den Auftrag erhalten, Pflanzen für Schloss Schönbrunn zu sammeln. Jacquin trug eine umfangreiche Sammlung von Tieren, Pflanzen und Mineralien zusammen, die er später illustrierte. Seine Zeichnungen erschienen im *Selectarum Stirpium Americanarum Historia* (1763).

Den jungen, talentierten Zeichner Ferdinand mag die Vorstellung einer Reise in ein exotisches Land fasziniert haben. Er bekam seine Chance, als Jacquin ihn im Winter 1785/86 mit John Sibthorp bekannt machte, der nach Antritt seiner Sherardian-Professur in Oxford Wien besuchte. Sibthorp plante eine naturkundliche Forschungsreise in den östlichen Mittelmeerraum. Nachdem er Bauers Arbeiten für Jacquin gesehen hatte, engagierte er den Zeichner für ein Jahresgehalt von £80. Karten des Mittelmeerraums gab es seit Jahren, und auch Fauna und Flora waren recht gut bekannt, aber viele Pflanzen und Tiere mussten noch nach dem Linnéschen System benannt werden.

Sibthorp und Bauer reisten im März 1786 mit einer Kutsche aus Wien ab. Italien war ihr erstes Ziel. Bauer nutzte die Farbcodierung, die er bei Boccius und Jacquin gelernt hatte, und kurz darauf schrieb Sibthorp über ihn: »Mit dem Zeichner bin ich sehr zufrieden – sein freundliches Wesen und seine Ehrlichkeit gefallen mir gut [...] er hat mehr als hundert Zeichnungen von verschiedenen Pflanzen angefertigt, die wir um Florenz, Rom und Neapel gefunden haben [...] so eine gelungene Vereinigung von Schönheit und Akkuratesse habe ich noch nie gesehen«.

Oben links: Robert Brown hat den Artnamen der Rotblühenden Silbereiche *(Grevillea banksii)* zu Ehren von Joseph Banks gewählt. Sie ist an der Küste von Queensland heimisch und wird auch in Gärten kultiviert.

Oben rechts: Nach der Rückkehr der *Investigator* hat Joseph Banks der Admiralität eine Zeichnung der Schlauchpflanze vorgelegt. Er empfand sie als typisches Beispiel der faszinierenden Pflanzen und Tiere, die auf der Reise gesammelt und gezeichnet wurden.

Im Frühling reisten sie per Schiff nach Messina auf Sizilien und weiter nach Izmir in der Türkei. Dann ging es über Land nach Istanbul. An der Küste des Marmara-Meers konnte Bauer auch Fische (teilweise aus den Netzen der Fischer) und Seevögel zeichnen. Bis zum Jahresende schuf er über 500 Zeichnungen. Die Flora und Fauna von Zypern waren wenig bekannt, viele Arten wurden erstmals von Sibthorp und Bauer beschrieben. Gegen Ende der Reise zeichnete Bauer im August und September 1787 bei einem Aufenthalt in Griechenland auch Landschaftsmotive, von denen später einige als Titelblätter der *Flora Graeca* (1806–1831) verwendet wurden.

Iris germanica.

In den nächsten sechs Jahren war Bauer in Oxford damit beschäftigt, Aquarelle der Pflanzen und Tiere des Mittelmeerraums auszuarbeiten, allerdings wurden nur die Pflanzenbilder veröffentlicht. Die Veröffentlichung der vollständigen *Flora Graeca* fand erst nach dem Tod von Sibthorp und Bauer statt. Es ist ein aufschlussreiches Dokument der Reise und der Arbeit des Botanikers und des Künstlers.

Eine wichtige Rolle im Leben von Ferdinand und Franz Bauer spielte auch der bedeutende Naturforscher Sir Joseph Banks, der sich seit längerer Zeit bei der britischen Regierung für eine erneute Forschungsreise nach Australien eingesetzt hatte. Die *Endeavour* unter James Cook hatte nur die Ostküste angesteuert. Weder auf dieser Expedition, an der Banks teilnahm, noch auf der Reise der *First Fleet* (1778) war das Hinterland der Botany Bay erkundet worden. Nach Banks' Ansicht sollte die australische Flora systematisch gesammelt und erforscht werden. Sein Interesse galt dabei vor allem wirtschaftlich interessanten Pflanzen, um die Bewohnerinnen und Bewohner der zahlreichen Kolonien zu ernähren oder um gewinnbringenden Handel zu treiben. Banks konnte die Regierung schließlich überzeugen und schrieb: »Heute wurde Befehl gegeben, ein Schiff auszurüsten. Erforscht werden sollen die Natur Neuhollands (und viele andere Dinge). Es wurde beschlossen, dass ein Naturforscher und ein Zeichner an Bord sein sollen. Die Reise soll mindestens drei Jahre dauern«.

Banks kannte die hervorragenden Illustrationen, die Ferdinand Bauer für die *Flora Graeca* und für Aylmer Lamberts noch in Arbeit befindliche *Monograph of the Genus Pinus* gefertigt hatte, und wählte ihn als Zeichner für die geplante Reise aus. Bauers Jahresgehalt betrug £300. Als Naturforscher ging der Botaniker Robert Brown an Bord, und die beiden Männer arbeiteten eng zusammen. Die Aussicht, am anderen Ende der Welt die unbekannte Natur zu entdecken, dürfte bei Bauer Neugier, Aufregung und sicherlich auch Angst ausgelöst haben.

Am 18. Juli 1801 stach die *Investigator* unter dem Kommando von Kapitän Matthew Flinders mit einer Besatzung von 88 Mann von Splithead aus in See. An Bord befanden sich ein »Garden Room« zur Lagerung lebender Pflanzen, eine Bibliothek und ein kleines Herbarium. Am 6. Dezember kam Australien in Sicht, und zwei Tage später warf die *Investigator* im King George Sound im Südwesten Westaustraliens Anker. Das Schiff war mitten im australischen Sommer angekommen und die Crew

Diese beliebte Gartenpflanze ist das Produkt einer Kreuzung. Ferdinand Bauer hat sie auf Kreta gesehen und im Feld gezeichnet.

hatte mit einer Hitze zu kämpfen, die sie nicht gewohnt war. Bauer nahm an allen Sammelausflügen teil, bis er am Weihnachtstag einen Sonnenstich erlitt. Sein Kollege Robert Brown notierte: »Mr. Bauer sehr erschöpft, zur Weiterarbeit offenbar nicht imstande«.

Unter den ersten Pflanzen, die gesammelt und von Bauer gezeichnet wurden, befand sich eine fleischfressende Schlauchpflanze. Obwohl der Schwerpunkt der Reise auf dem Sammeln, Dokumentieren und Zeichnen von Pflanzen lag, wurden bei Gelegenheit auch Tiere – hauptsächlich Meeresbewohner – gesammelt. Bauer zeichnete einen fliegenden Fisch, der möglicherweise auf dem Deck des Schiffs gelandet war.

Bauers Methode, Bleistiftzeichnungen mit Farbcodierungen, war für die schwierigen Reisebedingungen ideal. Tiere verwesten schnell, und Pflanzen verdorrten, wenn sie nicht schnellstens in Kühlkisten gelagert wurden. Bauers Bleistiftzeichnungen ließen sich leicht verstauen, um sie später als Vorlagen für die Ausarbeitung der Aquarelle zu verwenden. Tatsächlich stellte Bauer die meisten Aquarelle erst nach der Rückkehr nach London im Jahr 1805 fertig. Im Mai 1802 äußerte sich Kapitän Flinders in einem Brief aus Port Jackson lobend: »Es ist ein Glück für die Wissenschaft, dass mit Mr. Brown und Mr. Bauer zwei so fleißige Männer ausgewählt wurden. Ihre Leistung übertrifft alles, was ich bisher gesehen habe«.

Die *Investigator* umrundete Australien entgegen dem Uhrzeigersinn – eine Route, die zuletzt holländische Schiffe 150 Jahre zuvor genommen hatten – und segelte schließlich durch den Golf von Carpentaria. Hier entschied Flinders, unverzüglich nach Port Jackson zurückzukehren, um Reparaturen ausführen zu lassen. Die Forschung musste warten. In einem Brief nach Hause äußerte sich Flinders auch über die Besatzung und beschrieb Bauer als »ruhig, höflich und sanftmütig«. Nur aus solchen Nebensätzen können wir auf sein Wesen und seine Ansichten schließen. Ansonsten ist aus Briefen oder persönlichen Aufzeichnungen wenig über Bauer zu lesen, und es gibt auch kein Porträt von ihm.

In größeren Häfen konnte man Briefe nach England aufgeben. Von der tropischen Nordwestküste Australiens schrieb Ferdinand enttäuscht an Franz in Kew: »Ich konnte nichts fertigstellen und werde es auch nicht können. Das Papier, das ich auf die Reise mitgenommen habe, ist durch die Feuchtigkeit und Wärme unter Deck schimmelig geworden und hat Flecken, sodass man darauf nicht malen kann«. Mit der Ankunft in Sydney Cove am 9. Juni 1803 begann das Ende der Reise. Kapitän Flinders reiste nach England, um mit einem seetüchtigeren Schiff zurückzukommen,

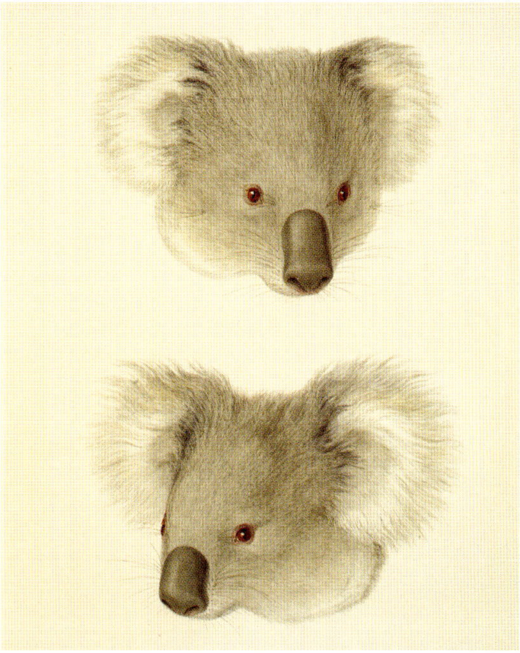

Oben links: Wombats wurden mehrmals während der Reise gefangen. Ungewöhnlich ist, dass ein Tier lebend mit der *Investigator* in England ankam und dort noch zwei Jahre überlebte.

Oben rechts: Ferdinand Bauer zeichnete diesen Koala am Berg Kembla in der Region Illawarra in New South Wales. Die erste detaillierte wissenschaftliche Beschreibung eines Koalas verfasste Robert Brown im Jahr 1814.

wurde aber auf Mauritius in Haft genommen und kam erst sieben Jahre später in England an.

Bauer und Brown blieben vorerst in Sydney. Bauer hatte damals 1000 Pflanzen- und 200 Tierzeichnungen mit Bleistift gefertigt. Eine Zeit lang sammelten und zeichneten die beiden in der Umgebung von Sydney, dann setzte Brown 1807 nach Tasmanien über, während Bauer zur Norfolkinsel segelte. Aus dieser Zeit sind einige seiner Zeichnungen von Waldlandschaften erhalten. Gemeinsam dokumentierten die beiden Forscher die Tierwelt Australiens – Brown sezierte und Bauer zeichnete – und Brown hinterließ eine detaillierte Beschreibung des Koalas.

Auf der notdürftig reparierten *Investigator* kehrten Bauer und Brown im Herbst 1805 nach England zurück. Ihre Ankunft und auch ihr Vorsprechen bei der Admiralität wurden aber in den Schatten gestellt, weil am 5. November Nelsons Sieg bei Trafalgar bekannt wurde. Bauer lebte bis 1814 in London und widmete sich hauptsächlich der Fertigstellung der Aquarelle seiner Zeichnungen australischer Pflanzen und Tiere. Man rechnete mit der Veröffentlichung einer illustrierten Flora Australiens, zumal die Admiralität Bauers Auftraggeber war. Diese blieb aber aus verschiedenen, hauptsächlich finanziellen Gründen aus. Stattdessen erschienen einige von Bauers Zeichnungen in Robert Browns *Prodromus florae Novae Hollandiae et Insulae van Diemen* (1810) und in Matthew Flinders' *A voyage to Terra Australis* (1814).

Forschungsreisen waren zu dieser Zeit riskant, und es war schwierig, Pflanzen, Tiere und Zeichnungen unbeschadet in die Heimat zu bringen. Dass so viele von Bauers Zeichnungen unveröffentlicht blieben, war ein Verlust für die Wissenschaft und zweifellos für Bauer eine persönliche Enttäuschung. Erst 1999 veröffentlichten die Botaniker David Mabberley und David Moore einen Katalog mit Bauers australischen Pflanzenillustrationen und den dazugehörigen Herbariumsexemplaren. Die Autoren hoben die bis heute gültige wissenschaftliche Bedeutung des Materials hervor und betonten ihren Wert als Grundlage für weitere Forschungen.

Das 200-jährige Jubiläum der Reise der *Investigator* hat das Interesse der Wissenschaft neu angefacht und viele von Ferdinands Werken wurden erstmals in Farbe veröffentlicht. So hat seine künstlerische und wissenschaftliche Leistung schließlich doch noch Anerkennung gefunden.

Eine erste Bleistiftzeichnung dieses Ringsittichs fertigte Ferdinand Bauer in Memory Cove (Südaustralien) im Februar 1802. Das Aquarell arbeitete er erst nach seiner Rückkehr nach London aus.

LISA DI TOMMASO

THOMAS WATLING

Bilder aus den frühen Kolonien Australiens

Man könnte sagen, dass Thomas Watlings beachtlicher Beitrag zur Dokumentation der Natur nicht geplant war, sondern durch Zufall zustande kam. Er kam als Häftling in die damals junge australische Strafkolonie und hat mit seinen Berichten über Menschen, Pflanzen und Tiere der Region erheblich zu unserem Verständnis der Sozial- und Naturgeschichte des Kontinents beigetragen.

Thomas Watling wurde am 19. September 1762 in Dumfries (Schottland) geboren. Seine Eltern starben früh, weshalb er bei seiner unverheirateten Tante Marion Kirkpatrick aufwuchs. Seine künstlerische Neigung zeigte sich schon zu Schulzeiten. Kurze Zeit betrieb er eine eigene Akademie und gab Damen und Herren für eine Guinee im Monat Zeichenunterricht, später war er in Glasgow als Kutschenmaler tätig.

Das Blatt wendete sich, als er im November 1788 verhaftet wurde. Man warf ihm vor, schottische Banknoten gefälscht zu haben. Er legte ein Geständnis ab und bat, in die Strafkolonie deportiert zu werden, um dem Tod durch den Strang zu entgehen. Später bestritt er seine Schuld allerdings. Wer damals seine Unschuld beteuerte, aber als schuldig überführt wurde, musste mit einem Todesurteil rechnen, weil er die Zeit des Gerichtshofs verschwendet hatte. Watling wurde zu 14 Jahren Haft verurteilt und auf ein vor der Küste ankerndes Schiff transportiert. Dort musste

Porträt des Jungen Nanbree, der von John White adoptiert wurde und 1803 unter Matthew Flinders Dienst auf der HMS *Investigator* stand.

NÁNBREE.

er warten, bis ein Schiff in die Strafkolonie ablegte. Angeblich soll er während der Wartezeit geholfen haben, eine Meuterei der Mithäftlinge zu unterbinden. Dafür wurde er zwar vom Kapitän offiziell belobigt, aber sein Strafmaß nicht gemildert.

Im Juli 1791 reiste Watling im Alter von 29 Jahren – über zwei Jahre nach seiner Verurteilung – mit 410 weiteren Häftlingen auf der HMS *Pitt* ab. Ziel war die neue Siedlung Port Jackson in Australien. Vielleicht wurde ihm erst jetzt klar, was auf ihn zukam. Als das Schiff in Kapstadt anlegte, wagte er einen Fluchtversuch, wurde aber eine Woche später gefunden und von den holländischen Behörden in Haft genommen, bis sieben Monate später das nächste Schiff nach Australien ablegte. Mit der *Royal Admiral* kam er im Oktober 1792 in Australien an.

Da sein künstlerisches Talent bekannt war, entschied der Gouverneur sofort, dass Watling für John White arbeiten sollte, den leitenden Arzt der Strafkolonie. White interessierte sich für die Natur und hatte neben der schwierigen Versorgung der Kranken schon vor Watlings Ankunft ein erfolgreiches Buch über die Flora und Fauna von New South Wales veröffentlicht. Er plante einen zweiten Band mit Illustrationen von Watling.

Watling war davon aber nicht begeistert. In Briefen an seine Tante beklagte er sich über seinen Arbeitgeber und beschrieb White als »sehr gewinnsüchtige, verdorbene Person«. Die Abneigung war gegenseitig. White wollte nicht, dass Watling Anerkennung für seine Arbeit bekam und verbot ihm, seine Werke zu signieren. In 123 Fällen setzte sich Watling darüber hinweg. Daraufhin schrieb White auf die Rückseite einer Zeichnung eine Nachricht an den Verleger: »Aus Stolz und Eitelkeit hat der Zeichner auf alle Bilder seinen Namen gesetzt. Zur Veröffentlichung sollte er meiner Meinung nach entfernt werden«. Watling schrieb viele Briefe an seine Tante, die 1794 veröffentlicht wurden. Daraus wird deutlich, dass er die Zeit in der Strafkolonie abscheulich fand. Er beklagte sich über die schlechte Behandlung der Häftlinge, die charakterlose Landschaft, das heiße Wetter, den trockenen und unfruchtbaren Boden und die laute Tierwelt. Er schrieb von Melancholie, Trübsinn und Verzweiflung und meinte, Port Jackson sei ein Ort für Forscher, aber nicht für Siedler.

Die »First Fleet«-Sammlung des Natural History Museum in London umfasst 488 Aquarelle, darunter 123 von Watling signierte sowie mindestens 20 weitere, die ihm mit Sicherheit zugeschrieben werden können. Wahrscheinlich brachte White diese Sammlung zurück nach England und übergab sie zusammen mit dem Manuskript für sein geplantes, aber nie veröffentlichtes zweites Buch dem renommierten Botaniker Aylmer Bourke Lambert. Die Sammlung befand sich in Privatbesitz, bis sie

Diese Darstellung des Allfarblori *(Trichoglossus haematodus)* ist eine der wenigen, die Watling mit seinen Initialen »TW« signierte.

1902 vom British Museum of Natural History (dem Vorläufer des heutigen Natural History Museum) erworben wurde. Eine Handvoll weiterer Werke von Watling, darunter ein großes Landschaftsgemälde in Öl, befindet sich in der State Library of New South Wales in Sydney.

Wissenschaftliche Illustrationen spielten zu Watlings Zeit für die Naturwissenschaft eine wichtige Rolle. Die ersten Briten dokumentierten viele Tiere und Pflanzen, die zuvor nicht bekannt waren, und Watling leistete zum neuen Wissen beachtliche Beiträge. Er zeichnete viele Motive, darunter Landschaften, Vögel, Säugetiere, Fische, Insekten, Reptilien und Pflanzen, aber auch Ereignisse, beispielsweise Begegnungen zwischen Siedlern und Ureinwohnern. Oft war es seine Absicht, sein

Oben links: Die »hölzerne Birne« *(Xylomelum pyriforme)* schützt ihre Samen vor Feuer. Angesichts der häufigen Buschbrände in ihrer Heimat ist dies eine interessante evolutionäre Erscheinung.

Oben rechts: Der Gelbohr-Rabenkakadu *(Calyptorhynchus funereus)* wurde ursprünglich derselben Art zugeordnet wie der Rabenkakadu, mit dem er eng verwandt ist.

Motiv wissenschaftlich zu dokumentieren. Die Darstellungen waren nicht immer exakt, lieferten führenden Naturforschern aber genug Informationen, um eine Reihe neuer Arten zu identifizieren. Viele frühe wissenschaftliche Beschreibungen von Vögeln basieren auf Watlings Werken. Er zeichnete auch Arten, die heute ausgestorben sind, etwa die Weißfuß-Kaninchenratte.

Watlings wichtigster Beitrag zur naturwissenschaftlichen und historischen Forschung sind aber vielleicht seine Zeichnungen der australischen Ureinwohner. Damals nannte man das Volk der Region, das sich aus großen Familienclans zusammensetzte, Eora. Für White musste Watling Flora und Fauna in einer streng vorgegebenen Form zeichnen, bei den Darstellungen der Ureinwohner dagegen konnte er seinen eigenen Stil entfalten.

Als die Schiffe der *First Fleet* in Australien einliefen, lebten im Gebiet von Sydney etwa 3000 Menschen. Die 1100 Ausländer waren den Ureinwohnern im Gebiet um Port Jackson zahlenmäßig weit überlegen. Nach nur drei Jahren hatte sich die Zahl der Einheimischen durch eingeschleppte Krankheiten wie Pocken und Tuberkulose um zwei Drittel verringert. Als Watling 1792 eintraf, gab es nur noch wenige Ureinwohner. Watling mochte die Eora nicht. Er beschrieb sie als hässlich (vor allem die Frauen), unbescheiden, hinterlistig, heimtückisch und unanständig. Er beklagte auch, dass sie vom Gouverneur Phillip seiner Meinung nach besser behandelt wurden als die Häftlinge. Er erkannte aber an, dass sie imstande waren, mit sehr wenig zu überleben, und dass sie die Malerei liebten, denn sie schauten ihm oft stundenlang beim Malen zu.

In dieser Zeit hatten viele Darstellungen Eingeborener etwas Überhebliches und Verzerrendes, weil die Europäer diese Völker als unterlegen und minderwertig betrachteten. Viele von Watlings Zeichnungen zeigen ein anderes Bild. Seine Bleistiftporträts zeichnen sich durch eine außergewöhnliche Feinfühligkeit und

Watlings Ansicht von Sydney Cove und Port Jackson von der Nordostküste zeigt sein Geschick als Landschaftsmaler.

No 1 Native Name Burroo gin —

The Natives informed me this Animal (which is very shy and can conceal itself in the Earth by scratching a Hole with the greatest readiness & rapidity) tho' rarely seen by us is pretty numerous in the interior parts of the Country; they added that the flesh they consider a great delicacy; that the Animal lives a good deal on Ants being mostly found in the neighbourhood of their Hills, as will be seen by this Drawing which is about ⅘ part of the size of the Animal from which it was taken, but that they principally live on the Dew which they lick in with a red flesh Tongue well fitted to their Extraordinary small Bill or Mouth — In the Day time we seldom or ever have seen any of them; the Natives say in the Nights, or very late in the Evening, or early in the Morning they may be discovered, (at least their Haunts) by a constant single Whistle which the Natives well imitate, and by that means surprise them, before they discover their danger, or they can get off (for their gait or movements are slow and heavy,) or burrow themselves in the Earth — The Tongue of this Animal is in Spirits with that of various Lizards & Guanas &c. — Colebee has by comparing them to the size of another Animal which weigh'd from ten to twenty pounds, satisfied me that they grow to that size —

Menschlichkeit aus. Diese Porträts sind darum so wichtig, weil viele andere Aufzeichnungen über die Ureinwohner und ihre Kultur verloren gegangen sind. Watlings Zeichnungen zählen zu den wenigen visuellen Dokumenten über diese Völker. Er hat auf seinen Porträts die Namen der dargestellten Personen notiert und so auch Personen, die in seinen Tagebuchaufzeichnungen auftauchen, ein Gesicht gegeben. Ein Beispiel ist sein Porträt von Nanbree, der – wie viele andere Kinder – mit acht Jahren Waise wurde, weil seine Eltern an den Pocken starben. John White adoptierte ihn, sodass Nanbree als Kind zweier Kulturen aufwuchs. Im Alter von 14 nahm er an Initiationsritualen teil, später gehörte er der Crew der HMS *Investigator* an, mit der Matthew Flinders 1803 den Kontinent umsegelte.

Watling arbeite zwei Jahre für John White und stand wahrscheinlich nach dessen Rückkehr nach England im Dienst von David Collins, dem Rechtsoffizier der Strafkolonie. Collins veröffentlichte ein Buch, und es gilt als gesichert, dass es eine Reihe von Watlings Zeichnungen enthält. Der neue Gouverneur John Hunter, der selbst gern zeichnete, gewährte Watling 1796 Straferleichterung und begnadigte ihn im April 1797.

Watling und eine Insassin der Strafkolonie hatten einen gemeinsamen Sohn, den er bei seiner Abreise aus Port Jackson mitnahm. Über sein weiteres Leben ist wenig bekannt. Vermutlich blieb er zwei Jahre in Kalkutta, wo er Porträtminiaturen malte. Er kehrte nach Schottland zurück, wo er im Januar 1806 erneut wegen Fälscherei angeklagt wurde. Aus Mangel an Beweisen wurde die Anklage jedoch fallengelassen. Später zog er mit seinem Sohn nach London, wo er schwere Zeiten durchlebte und an Krebs erkrankte. Er suchte Hilfe bei John Hunter, der ebenfalls zurückgekehrt war, und erhielt auch Unterstützung von Mitgliedern der Royal Society. Wann und wo er starb und was aus seinem Sohn wurde, ist unbekannt.

Watling ist einer der wenigen, die visuelle Eindrücke aus den ersten Jahren der Briten in Australien hinterließ. Seine Zeichnungen sind eine wichtige Ergänzung zu den spärlichen Aufzeichnungen von Offizieren und anderen, die noch erhalten sind. Er war einer der wenigen gebildeten Männer, die das damalige Leben aus Sicht der Sträflinge dokumentierten.

John White schrieb den Text zu Watlings Zeichnung eines Kurschnabel-Ameisenigels *(Tachyglossus aculeatus)* und forderte den Herausgeber auf, die Signatur des Künstlers zu beseitigen.

PAUL MARTYN COOPER

JOHN JAMES AUDUBON

Der amerikanische Wald- und Vogelliebhaber

In seinen Erinnerungen an die Kindheit, in der sein Vater ihn mit der Natur bekannt machte, schrieb Audubon: »Nur die gefiederten Freunde gefielen mir wirklich.« Schon früh beschäftigte sich der junge John James mit Vögeln und verspürte »den Wunsch, die Natur zu kopieren«. Er empfand lebendige Vögel als Wunderwesen und sah im Zeichnen einen Weg, das Wesentliche festzuhalten. Sein Vorhaben, eine bebilderte Dokumentation der amerikanischen Vogelwelt zu schaffen, war bemerkenswert und anstrengend. Jahrelang reiste er durch ganz Nordamerika, beobachtete und zeichnete im Feld. Dann wandte er sich der Veröffentlichung zu, was damals ebenfalls ein schwieriges Unterfangen war.

John James Audubon wurde am 26. April 1785 in Les Cayes auf der Insel Santo Domingo (heute Haiti) in der Karibik geboren. Sein Vater war der französische Marineoffizier und Plantagenbesitzer Jean Audubon. Seine Mutter Jeanne Rabine starb, als er erst sechs Monate alt war. 1788 zog der Vater mit dem Jungen in das Familienanwesen bei Nantes an der Südküste der Bretagne in Frankreich. 1803 schickte der Vater ihn auf eine Farm in Pennsylvania, die der Familie gehörte. So konnte vermieden werden, dass Audubon in die napoleonische Armee eingezogen wurde. In Mill Grove am Perkomen Creek lernte Audubon die Grundlagen der

Audubon war von den Flamingos, die er in den Florida Keys sah, tief beeindruckt. Er schickte präparierte Tiere nach London, um die Anatomie der Vögel zeichnerisch detailliert darstellen zu können.

Nº 87. PLATE CCCCXXXI

Drawn from Nature by J. J. Audubon, F.R.S. F.L.S.

Engraved, Printed and Coloured by Robt. Havell. 1838

1. Profile view of Bill at its greatest extension.
2. Superior, front view of upper Mandible.
3. Interior, front view of upper Mandible.
4. Inferior front view of lower Mandible.
5. Interior front view of lower Mandible with the Tongue in.

American Flamingo
PHOENICOPTERUS RUBER. Linn.
Old Male.

6. Profile view of Tongue.
7. Superior front view of Tongue.
8. Inferior front view of Tongue.
9. Perpendicular front view of the foot, fully expanded.

Audubon beklagte, dass das Verbreitungsgebiet und die Population dieser »edlen Tiere« durch die Jagd schrumpften. Erst am Ende des Jahrhunderts wurden die Tiere unter Naturschutz gestellt. Heute nimmt ihre Zahl in Nationalparks und Schutzgebieten wieder zu.

Betriebsführung. Lieber mochte er aber jagen, fischen oder Vögel zeichnen. Auf dem Nachbaranwesen, das der Familie Bakewell gehörte, lernte er deren Tochter Lucy kennen und verliebte sich. Die beiden heirateten 1808 und führten eine glückliche Ehe. Als Audubon die Idee für sein Werk *Birds of Amerika* entwickelte, unterstützte Lucy ihn engagiert, und später brachten sich auch die beiden Söhne Victor Gifford und John Woodhouse in das Familienprojekt ein.

Das Paar ließ sich bald nach der Hochzeit in Kentucky nieder, wo Audubon mit seinem Geschäftspartner Jean Ferdinand Rozier einen Gemischtwarenladen eröffnete. 1810 lernte Audubon den schottischen Ornithologen Alexander Wilson kennen, der Subskribenten für sein Buch *American Ornithology* suchte. Wilson war von den Vogelzeichnungen des jungen Audubon beeindruckt und überzeugte ihn, dass sein Projekt stichhaltig war und dass er weitere Zeichnungen anfertigen sollte. Aus der Sicht eines heutigen Lesers mag Audubons Vorgehen widersprüchlich scheinen. Seine fünfbändige *Ornithological Biography* (1831–1839) enthält neben

Audubon hielt gern Verhaltensweisen von Vögeln fest. Hier sind zwei Truthahnküken mit der Gefiederpflege beschäftigt, die übrigen suchen Insekten. Alle halten sich in direkter Nähe zur schützenden Mutter auf.

Artbeschreibungen aller Vögel, die er in *The Birds of America* (1827–1838) illustriert hatte, auch Berichte über seine Reisen durch die verschiedenen Staaten und Landschaften Nordamerikas mit detaillierten Beschreibungen der Vogeljagd. Sie zeichnen sich durch Feinfühligkeit aus, und häufig hat er in den Beschreibungen die Vögel vermenschlicht. Die wilde Truthenne beispielsweise beschreibt er als »liebevolle und wachsame Mutter, die ihre Jungen mit gemessenem Schritt und aufmerksamem Blick durch die Unwägbarkeiten des Waldes führt«.

Audubon war ein geschickter Jäger, schoss aber nicht wahllos Vögel. Wenn er im Feld zeichnete, fixierte er normalerweise ein kürzlich erlegtes Tier mit Drähten auf einer Holzplatte in einer lebensechten Position. Er studierte den Vogel eingehend und vermaß ihn genau, denn er zeichnete die Vögel stets in Lebensgröße. In seinen Erinnerungen beschreibt er, dass er auch die verschiedenen Positionen und Bewegungen der lebenden Vögel sehr ausgiebig beobachtet hat. Außerdem achtete er nicht nur auf Pflanzen, die der jeweilige Vogel fraß oder auf denen er bevorzugt saß, sondern auch die übrige Vegetation in seinem üblichen Lebensraum. Damit wollte er Kritikern entgegentreten, die zwar weitaus weniger Erfahrung im Feld besaßen, aber dennoch bemängelten, Audubons Zeichnungen seien nicht naturgetreu. Wahrscheinlich hat Audubon nicht darüber nachgedacht, ob er durch seine Jagdaktivitäten einzelne Arten bedenklich dezimierte. Erst gegen Ende des 19. Jahrhunderts begann man, sich über den Artenschutz Gedanken zu machen. Audubon schrieb über eine Reise, die er 1813 von Henderson nach Louisville unternahm: »Der Himmel war buchstäblich voller Tauben, um die Mittagszeit war es dunkel wie bei einer Sonnenfinsternis, [...] drei Tage dauerte der unablässige Strom der Tauben«. Da Wandertauben damals so zahlreich vorkamen, war es für Audubon sicherlich unvorstellbar, dass sie eines Tages aussterben könnten. Das letzte lebende Exemplar starb 1914 im Zoo von Cincinnati.

1824 reiste Audubon nach Philadelphia, wo die Academy of Natural Sciences ihren Sitz hatte, damals das bedeutendste Publikationszentrum Nordamerikas. Er wollte einen Verlag finden, der *The Birds of America* druckte, stieß aber auf gemischte Reaktionen. Besonders feindselig verhielt sich der Ornithologe George Ord. Dieser wollte verhindern, dass jemand zu dem verstorbenen Alexander Wilson in Konkurrenz trat, zumal er die letzten zwei Bände von dessen *American Ornithology* veröffentlicht hatte, was Wilson vor seinem Tod nicht mehr gelungen war. Aufgrund seiner Stellung konnte Ord die Verleger von Philadelphia gegen Audubon beeinflussen. Eine weitaus positivere Reaktion fand Audubon bei dem jungen Ornithologen Charles-Lucien Bonaparte, Prinz von Canino. Dieser bewunderte Audubons Zeichnungen und riet ihm, in Europa zu veröffentlichen, weil dort die Voraussetzungen günstiger seien.

Es entsprach Audubons Charakter, sich von einem einmal gefassten Entschluss nicht abbringen zu lassen, und so befolgte er den Rat Bonapartes. Im Juli 1826 traf er im Hafen von Liverpool ein. Er hatte einige Empfehlungsschreiben im Gepäck und war vom freundlichen Empfang seiner britischen Kontaktpersonen sehr bewegt. »Sie waren alle so großzügig und freundlich zu mir, dass ich ihnen auf immer verpflichtet bin. Meine Zeichnungen wurden öffentlich ausgestellt und öffentlich gelobt. Mein Herz schwoll vor Stolz. Ehren, die mir in Philadelphia verweigert wurden,

Audubons Darstellung eines Balzrituals zeigt das Weibchen (oben), das dem Männchen hervorgewürgte Nahrung in den Schnabel gibt. Auch die Körperhaltung der Vögel bringt das Paarungsverhalten zum Ausdruck.

Passenger Pigeon Male 1. F. 2.
Columba Migratoria.

Drawn from Nature & Published by John J. Audubon, F.R.S.E. F.L.S. M.W.S.

Engraved by R. Havell Jun. Printed & Coloured by R. Havell Sen. London 1829

erwies man mir in Liverpool generös«. Gerade mit seinem Gebaren eines »amerikanischen Waldläufers« begeisterte er die geladenen Gäste bei Banketten, und sie standen Schlange, um seine Bilder zu sehen und die Geschichten ihrer Entstehung zu hören. Ein Jahr später standen genügend Mittel zur Verfügung, um die ersten Tafeln der *The Birds of America* in Edinburgh drucken zu lassen. William Lizars fertigte die Stiche an. Audubon war jedoch mit der Farbgebung der ersten zehn Tafeln unzufrieden und übergab das ganze Vorhaben an Robert Havell und dessen Sohn Robert in London.

Die Qualität von Havells Arbeit sagte Audubon zu. Ihr Erfolg war so groß, dass vor allem Robert Havell Junior als Mitarbeiter Audubons bezeichnet werden müsste. Die Familie Havell hatte sich im frühen 19. Jahrhundert durch ihre herausragende Aquatinta-Arbeit einen Namen gemacht. Aquatinta ist ein Tiefdruckverfahren – mithilfe von Kupferplatten – zur Reproduktion von Illustrationen. Die Konturen des gedruckten Bilds können anschließend von Hand koloriert werden. Die Technik eignete sich besonders gut für Audubons Zeichnungen, die Wasser oder Himmel in der Dämmerung zeigten. Dass die Arbeit von Robert Havell Junior die ursprünglichen Erwartungen wohl übertroffen hat, zeigt die fertige Tafel 425, der Annakolibri. Audubon fertigte die Zeichnung unter Zeitdruck und übergab sie ohne Hintergrund an die Havells. Um das Bild für den Druck zu vervollständigen, fügte Havell eine Hibiskusblüte ein. Diese hatte Maria Martin geliefert, die Audubon gelegentlich bei botanischen Zeichnungen unterstützte.

Die Veröffentlichung der *The Birds of America* nahm elf Jahre in Anspruch. Dabei galt es einerseits, ausreichende Verkaufszahlen zu erzielen, und andererseits Audubons Ansprüche an die Qualität, vor allem an die Farbgebung, zu erfüllen. Audubon musste seinerseits dafür sorgen, dass Havell stetig mit Zeichnungen versorgt wurde. Die einzelnen Ausgaben, die jeweils aus fünf Tafeln bestanden, wurden in regelmäßigen Abständen veröffentlicht und für 2 Guineen verkauft. Weil die Tafeln mit 100 cm x 67 cm außergewöhnlich groß waren, konnten sie nur in den Bibliotheken von Institutionen oder großen Landhäusern einen Platz finden. Im Vorwort zur *Ornithological Biography* äußert sich Audubon lobend über seine Drucker: »Mit Freude kann ich mitteilen, dass meine Geldgeber mit der Arbeit des Mr. Robert Havell Junior zufrieden waren«.

Viermal reiste Audubon zwischen 1827 und 1838 nach Amerika zurück, weil er mit vorhandenen Zeichnungen nicht zufrieden war, oder um Arten zu zeichnen, von denen noch keine Bilder existierten. Auch aus kommerziellen Gründen war es

Männliche und weibliche Schlangenhalsvögel an einem Gewässer, in dem sie Fische fangen. Um die Beute zu schnappen, lassen sie ihre langen Hälse vorschnellen.

wichtig, mehr Zeichnungen für den Druck zu produzieren. Auf Reisen nach Florida (1831) und Labrador (1833) malte er Vögel, die er zuvor nicht gezeichnet hatte. Als er zum ersten Mal Flamingos in den Florida Keys sah, schrieb er: »Oh Leser, könntest du dir nur die Gefühle vorstellen, die meine Brust durchströmten. Ich dachte, nun sei der Gipfel meiner Erwartungen erreicht«.

Zu Beginn der Veröffentlichung von *The Birds of America* war die Reaktion darauf ambivalent. Einige Naturkundler bemängelten Audubons unübliches Vorgehen, einen offensichtlich toten Vogel auf einem Baumstumpf darzustellen. Ein früher Unterstützer war jedoch der britische Naturforscher William Swainson. Er schrieb 1829 für *The Magazine of Natural History* (Band 1) eine neunseitige Rezension der ersten Teile von *The Birds of America,* in der er Audubons umfangreiche Kenntnisse

Nistgebiete von Papageitauchern hat Audubon in Labrador gesehen. Das Männchen steht Wache, während das Weibchen, das meist nur ein Ei legt, in einem mit Gras bedeckten Erdnest brütet.

der Vogelwelt und seine innovative Herangehensweise, sie in ihrer natürlichen Umgebung darzustellen, lobte: »Seine Hingabe gilt dem Studium der Natur ebenso wie der Malerei. Beides scheint er mit Sachverstand und unvergleichlichem Eifer zu betreiben. [Audubons Arbeit] zeichnet sich durch eine Perfektion aus, die es in der zoologischen Malerei zuvor nicht gegeben hat«.

Im Sommer 1839 kehrte Audubon in die Vereinigten Staaten zurück. Mit Unterstützung seines Sohns John begann er, eine mit Lithografien illustrierte Ausgabe von *The Birds of America* in Standardgröße zu veröffentlichen, die auch aufgrund des niedrigeren Verkaufspreises sehr erfolgreich war. Dann wandte sich Audubon seiner letzten Veröffentlichung zu, *The Viviparous Quadrupeds of North America.* Dieses Werk hatte er zusammen mit seinem alten Freund Reverend John Bachman verfasst, und seine beiden Söhne hatten einige Illustrationen beigesteuert. 1843 reiste er mit Mitarbeitern in die westlichen Vereinigten Staaten, wo er Wölfe, Antilopen, Rehe und Büffel beobachtete und zeichnete. Anders als in *The Birds of America* basieren in diesem Werk aber zahlreiche Tafeln (in diesem Fall Lithografien) auf präparierten Säugetieren aus Museumssammlungen.

Am 27. Januar 1851 starb Audubon im Alter von 65 Jahren in seinem Haus in New York. Sein Werk *The Birds of America* gilt als beispielhaft für die amerikanische Naturgeschichte und Kultur. Bis 2013 erzielte kein gedrucktes Buch auf einer Auktion einen höheren Preis. Noch beeindruckender ist es aber, über die Entstehungsgeschichte von *The Birds of America* nachzudenken und sich den »amerikanischen Waldläufer« vorzustellen – allein in der Wildnis, mit seinem Skizzenbuch und den Vögeln, die er liebte.

SANDRA KNAPP

CONRAD MARTENS

Romantiker in Feuerland und Australien

Auf die Frage, wer an Bord der HMS *Beagle* reiste, würde den meisten Menschen Charles Darwin einfallen. Tatsächlich vertiefte sich durch die Reise auf dem kleinen Schiff sein Wunsch, die Natur zu studieren und letztlich eine Theorie über die Veränderungen des Lebens auf der Erde zu entwickeln. Auf der zweiten Reise der *Beagle* zwischen 1832 und 1834 war ein weiterer bemerkenswerter Mann an Bord, der Künstler Conrad Martens. Vor der Erfindung von Kameras hielten Künstler Landschaften fest, zeichneten Landkarten und Küstenverläufe und dokumentierten alles, was für das an Forschungsreisen interessierte Publikum von Belang war. Martens' Zeichnungen und Aquarelle des Gebiets an der Spitze Südamerikas – Tierra del Fuego – sind untrennbar mit der Reise der *Beagle* verknüpft.

Conrad Martens wurde in London geboren. Als er 15 Jahre alt war, starb sein Vater und die Familie zog nach Devon. Dorthin kehrte er während seiner ersten Jahre in England häufig zurück. Er durchlief eine Ausbildung zum Landschaftsmaler bei dem Aquarellkünstler Antony Vandyke Copley Fielding, der, wie auch John Constable, auf Kunstausstellungen mit Preisen ausgezeichnet wurde. Copley Fielding hatte zahlreiche Schüler. Er vermittelte ihnen die Aquarellmalerei im Stil der Romantik mit lichten Lasuren und dramatischen, emotionsgeladenen Szenerien. Martens malte in der ersten Hälfte des 19. Jahrhunderts, in der Blütezeit der

Martens gelang es hervorragend, mit Aquarellfarben die dramatische Landschaft und die Stimmung der Fitzroy Falls in den Southern Highlands von New South Wales darzustellen. Wegen dieses Stils war er als Landschaftsmaler sehr gefragt.

Romantik. Seine Skizzen und Gemälde – Täler in Devon ebenso wie schroffe Gipfel in Feuerland oder Eukalyptusbäume in Australien – spiegeln den Stil dieser Epoche. Er war ein Zeitgenosse von John Turner, einem der bedeutendsten Vertreter der britischen Romantik, ist ihm aber nie persönlich begegnet.

Martens reiste durch England und zeichnete in Devon und Somerset, bis sich 1833 sein Leben grundlegend veränderte. In Falmouth ging er an Bord der *Hyacinth* und trat eine dreijährige Reise nach Südamerika und Indien an. Angeblich soll er von Kapitän Francis Blackwood zu der Reise eingeladen worden sein, tatsächlich ist aber nicht belegt, wie er an Bord kam. In gewisser Weise ist dies ein erstes Indiz für Martens' Lebensführung. Er war abenteuerlustig und ergriff Gelegenheiten, wenn sie sich boten. Martens führte auf der *Hyacinth* kein Tagebuch. Nur seine Skizzenbücher geben Auskunft über seine Reisen. Die *Hyacinth* legte in Gibraltar, Madeira, auf den Kanarischen Inseln und den Kapverden an und steuerte in Südamerika Salvador (Bahia) und Rio de Janeiro (Brasilien) an. Darwin, der als junger Mann etwas früher die tropischen Regenwälder gesehen hatte, schrieb in *Über die Entstehung der Arten* von »einer dicht bewachsenen Uferstrecke, bedeckt mit [...] künstlich gebauten Lebensformen, so abweichend unter sich und in einer so complicierten Weise von einander abhängig, durch Gesetze hervorgebracht sind, welche noch fort und fort um uns wirken«. Auch Martens war fasziniert von den eleganten Formen der Palmen und Farne und zeichnete zahlreiche Skizzen. Eine Begegnung in Rio de Janeiro brachte für sein Leben eine erneute Wende. Durch Zufall lernte er einen jungen Landvermesser kennen, der mit der *Beagle* Südamerika bereiste und Martens wissen ließ, dass noch ein Zeichner für die Expedition gesucht werde.

Die zweite Reise der *Beagle* unter Kapitän Robert FitzRoy diente der Erkundung der südamerikanischen Küste, um die britischen Handelsinteressen zu stärken. Die bislang vorhandenen Karten Südamerikas waren bestenfalls rudimentär. Die Admiralität wartete zwar begierig auf Ergebnisse von FitzRoys Reise, ließ es aber an Unterstützung mangeln. Sie stellte kein zweites Schiff zu Versorgungs- und Rettungszwecken zur Verfügung, wie es damals eigentlich in unbekannten Gewässern üblich war. Als die *Beagle* 1831 aus Plymouth auslief, war der Künstler Augustus Earle an Bord, der in der Royal Academy ausgestellt hatte. Earle litt jedoch an Asthma und war nach der ersten Reise der *Beagle* nach Tierra del Fuego an der äußersten Südspitze des Kontinents so erschöpft, dass er nach England zurückkehren musste. Folglich wurde dringend ein Künstler benötigt, der Karten, Skizzen und Aquarelle für das Buch lieferte, das FitzRoy nach der Rückkehr veröffentlichen wollte.

In den Meerengen und Buchten Feuerlands gab es sichere Ankerplätze für die *Beagle*. Hier konnten sich auch Einheimische dem Schiff nähern. Bei der stehenden Figur handelt es sich wahrscheinlich um Jemmy Button.

So reiste Martens mit einem Empfehlungsschreiben von Rio de Janeiro nach Montevideo, wo die *Beagle* nach ihrer Reise nach Feuerland in der Werft lag. Er fertigte einige Zeichnungen von Montevideo (in denen er mehr Wert auf Akkuratesse als auf romantische Emotionalität legte), um sie FitzRoy vorzulegen, und wurde auf der Stelle engagiert. In die Besatzungsliste wurde er als »außerplanmäßiges Mitglied mit Verpflegung« eingetragen. Er sollte Landschaftsaquarelle malen, aber auch die Küstenverläufe dokumentieren, um so die von John Lort Stokes gezeichneten und von FitzRoy auf Genauigkeit geprüften Seekarten zu ergänzen. An Darwin, der damals die Pampa erkundete, schrieb FitzRoy, er habe »Earles Nachfolger [gefunden], einen ausgezeichneten Künstler, der im Schlaf ruft *Stellt euch vor, wie ich auf einem Gipfel der Anden stehe oder einen Gletscher in Feuerland zeichne!!!* […] Ich bin sicher, Sie werden ihn mögen, sehr mögen […] er ist ein wohlerzogener, gebildeter Mann – seine Landschaften sind wirklich sehr gut (verglichen mit Männern aus London), nur seine Figuren können sich mit Earles vielleicht nicht ganz messen«. Martens' Reise nach Montevideo hatte sich gelohnt: Er war nun Teilnehmer einer historisch bedeutsamen Reise.

Aus Montevideo schrieb FitzRoy an die Admiralität und forderte ein zweites Schiff an, das die *Beagle* in der stürmischen, gefährlichen See um Feuerland begleiten sollte. Er bekam keine Antwort. So beschloss er, sein eigenes Geld zu investieren und sich zu verschulden, um selbst ein Schiff zu kaufen: die *Adventure*. Martens reiste mit Darwin und FitzRoy auf der *Beagle*. Ihm wurde eine winzige Kabine mit einer schmalen Koje zugewiesen. Dort arbeitete und schlief er, und dort lagerte er seine wachsende Sammlung von Skizzen und Bildern. Wie auf allen Schiffen dieser Zeit war es auch auf der *Beagle* äußerst beengt, und es spricht für Conrad

Die Reise von Sydney nach Queensland legte Martens zu Pferd auf der »Brisbane Road« zurück. Unterwegs fertigte er zahlreiche Skizzen von Landschaften und Häusern an, die er später als Grundlagen für Aquarelle verwendete.

Martens' freundliches Wesen, dass er niemals mit FitzRoy in Streit geriet, der wegen seiner Wutanfälle und Launen berüchtigt war. Martens fand in Feuerland viel Material – schroffe Gipfel, einsame Inseln, riesige Wellenberge. Aber die Reise um die Südspitze Amerikas war auch enorm gefährlich. Nicht umsonst nannte die Mannschaft das Gebiet »Terror dei«. Martens war einer der ersten, der Bilder dieser eindrucksvollen Landschaften malte. Und da er neben Talent und Akkuratesse auch Sinn für das Malerische und Romantische besaß, sind sie weit mehr als nüchterne Landschaftsdarstellungen.

Auf der vorherigen Reise nach Feuerland hatte FitzRoy mit der *Beagle* drei junge Yaghans zurück in ihre Heimat gebracht – Jemmy Button, York Minster und Fuegia Basket. Sie waren auf einer früheren Reise entführt, nach England gebracht und auf FitzRoys Kosten unterrichtet worden. FitzRoy hatte gehofft, dass sie nach ihrer Rückkehr einen »zivilisierenden Einfluss« ausüben würden, aber das erwies sich als Irrtum: Sie kehrten schnell zu einer Lebensweise zurück, die ihnen das Überleben in der feindseligen Umgebung sicherte. Darwin war entsetzt über die Yaghan. Er nannte sie »das erbärmlichste und primitivste Volk der Welt«. FitzRoy hingegen bewunderte ihre Überlebensfähigkeit. Martens zeichnete diese Menschen aus großer und kleiner Distanz. Diese Arbeiten zeigen die Schwächen in der figürlichen Darstellung, die FitzRoy in seinem Brief an Darwin erwähnt hatte. Das Porträt von Jemmy Button ist grobschlächtig und zeigt einen zerrauften Mann mit verfilzten Haaren und affenartigen Gesichtszügen. Die Radierung für FitzRoys Buch ist noch schlechter. Von FitzRoy selbst existiert ein sehr viel sympathischeres Porträt, auf dem Jemmy als intelligentes Wesen erkennbar ist.

Die Reise nach Feuerland fand zu einer ungünstigen Zeit statt – im Winter auf der südlichen Halbkugel. Danach segelte die *Beagle* nach Norden, um Karten der Falkland-Inseln (Islas Malvinas) zu erstellen, und in den Río Santa Cruz in Argentinien hinein. Dort zeichnete Martens weitere Ansichten der eindrucksvollen Landschaft Patagoniens mit Kondoren und Guanacos. Eins der letzten Bilder, die Martens 40 Jahre später in den 1870er-Jahren für einen Auftraggeber malte, zeigt ein Motiv dieser Reise und vermittelt einen Eindruck von Verzweiflung und Leere, die Martens nach dieser Reise wohl lebenslang begleitet haben. Trotz riesiger Wellen und gefährlicher Strömungen gelang der *Beagle* die Umsegelung der Spitze des Kontinents. Für Martens ergab sich so die Möglichkeit, beim Verlassen der Meerenge, die heute Darwin Channel heißt, den schneebedeckten Monte Sarmiento zu malen. Der stark vergletscherte Berg, von dem sich Eisberge lösten, muss ein überaus

Vaucluse House mit seinen neogotischen Stilelementen und andere große Anwesen der britischen »Exclusives« sehen zwar englisch aus, aber die Landschaft und die Vegetation verraten, dass sie sich in einer ganz anderen Welt befinden – in Australien.

beeindruckender Anblick gewesen sein. Martens schrieb: »Das Wasser hat ein schönes, dunkles Blau, dessen Ton sich auch zur Küste hin nicht verändert, weil diese so steil ist«. Er notierte auf seinen Bleistiftzeichnungen Ziffern und Anmerkungen, um sich später beim Malen der Aquarelle an die Farben zu erinnern. Dieses System verwendete er bis an sein Lebensende. Meist zeichnete er mehrere Skizzen desselben Motivs, oft unter verschiedenen Lichtverhältnissen.

Als die *Beagle* in Valparaíso einlief (Darwin hatte die Stadt »Paris des Pazifiks« genannt), erhielt FitzRoy schlechte Nachrichten. Die Admiralität hatte ihn für den Kauf der *Adventure* gemaßregelt und die Kosten nicht erstattet. FitzRoy hatte sich hoch verschuldet und musste eine Entscheidung treffen. Sein ohnehin schwieriger Gemütszustand verschlimmerte sich. Er drohte, das Kommando niederzulegen, ließ sich aber umstimmen. Damit war das Problem jedoch nicht gelöst. Martens arbeitete damals mit dem deutschen Aquarellmaler Johann Moritz (Juan Mauricio) Rugendas, der die Werke Alexander von Humboldts illustriert hatte und nun in Valparaíso lebte. Dass Martens von dem versierten Rugendas beeinflusst wurde und neue Techniken lernte, ist an den Skizzen und Aquarellen aus Chile zu erkennen. Die Figuren in seinen Werken aus dieser Zeit wurden möglicherweise von Rugendas gemalt. Die beiden Künstler reisten durch die Umgebung von Valparaíso, skizzierten und malten, während FitzRoy seine Entscheidung fällen musste. Auf Drängen seiner Offiziere legte er sein Kommando nicht nieder. Er verkaufte die *Adventure* und segelte nur mit der *Beagle* weiter. Wickham, der die *Adventure* kommandiert hatte, zog in Martens' Kabine ein. Es gab an Bord keinen Platz mehr für ein »außerplanmäßiges Mitglied« und Martens verließ die *Beagle*.

FitzRoy schrieb: »Mein Schoner ist fort. Unser Maler Mr. Martens ist fort. Ich bin am Boden zerstört«. Martens beschloss, nach Australien zu gehen. Mit einem Empfehlungsschreiben von FitzRoy an den Gouverneur der Kolonie reiste er über Tahiti, Moorea und Neuseeland nach Sydney in New South Wales. Nach der Ankunft stellte er sich bei Captain Philip Parker King vor, einem Fellow der Royal Society, und wieder nahm sein Leben eine Wendung. 1835 hatte Sydney etwa 20.000 Einwohner und wuchs stetig. Die »Gentlemen of the Colony« verdienten in dem neuen Land viel Geld und legten Wert darauf, ihre Bestrebungen und Ansichten verewigen zu lassen. Künstler wurden in Australien dringend gesucht, aber es gab keine. Martens konnte mit seinen Referenzen überzeugen und wurde bald zum Lieblingsmaler der feinen kolonialen Gesellschaft. Seine romantischen Szenen entsprachen dem Wunsch der Auftraggeber, die ihr neues Land in ansprechender Weise dokumentieren wollten. Auf den ersten Blick wirken Martens' Aquarelle der Region um Sydney sehr englisch, aber bei genauerem Hinsehen erkennt man Eukalyptusbäume oder Einheimische (nach wie vor eher hölzern dargestellt), die mit England nichts zu tun haben. Um Motive für seine Bilder zu finden, ging Martens vor wie immer: Er reiste, zeichnete und arbeitete später anhand seiner Skizzen die Aquarelle aus. Seine neuen wohlhabenden Geldgeber wünschten sich Bilder der australischen Landschaften und ihrer stattlichen Anwesen, um Freunde und Verwandte in der Heimat zu beeindrucken. Martens interessierten Landschaftsmotive auch wegen ihrer emotionalen Wirkung.

Als die *Beagle* in Sydney Station machte, sah Martens seine alten Reisegefährten wieder. An Darwin und FitzRoy verkaufte er Aquarelle. Darwin erwarb ein Bild vom Rio Santa Cruz und ein anderes aus Feuerland. Es zeigte Jemmy Button, der in einem Kanu stand und zum Abschied winkte. Beide hingen in Down House, als

Kapitän FitzRoy hatte Jemmy Button seinem Vater für einen Perlmuttknopf abgekauft, von Feuerland nach England gebracht und dort auf eigene Kosten unterrichten lassen. Als Jemmy mit der *Beagle* wieder in seine Heimat zurückkehrte, beherrschte er seine Muttersprache nicht mehr.

er *Über die Entstehung der Arten* schrieb. Martens und Darwin standen in regelmäßigem Briefwechsel. Als die *Entstehung der Arten* veröffentlicht wurde, schrieb Martens: »Ich fürchte Ihre Eloquenz. Ich möchte mir nicht vorstellen, dass ich einen gemeinsamen Ursprung mit Kröten und Kaulquappen habe. Denn wenn ich am menschlichen Wesen etwas verabscheue, dann ist es Schleimerei«. Hier zeigt sich wieder der liebenswerte Charakter, den FitzRoy ihm schon Jahre zuvor bescheinigt hatte.

Als der australische Wollboom um 1850 abebbte, fand Martens immer weniger reiche Auftraggeber. Er wandte sich der Lithografie zu und gab Malunterricht. Zeichenreisen unternahm er weiterhin. Auf einer Reise nach Norden ins heutige Queensland versuchte er, neue Auftraggeber zu finden. Die Bewohner des Nordens waren weniger wohlhabend und ihre Anwesen bescheidener, aber Martens brachte Material für eine Reihe von Gemälden mit Stürmen an Land und auf See mit. Er kehrte auf dem Landweg nach Sydney zurück und durchquerte dabei die Darling Downs. So entstanden einige der ersten Bilder der Westhänge der Great Dividing Range.

Martens blieb zeitlebens ein Romantiker. 1856 sagte er in einem Vortrag: »Die Kunst der Landschaftsmalerei besteht nicht darin, einzelne Objekte darzustellen, sondern einen von der Natur geschaffenen Eindruck nachzuempfinden«. Seine Landschaften sind keine exakten, realistischen Darstellungen. Er hat Bäume oder Felsen so angeordnet, dass sie Emotionen auslösen und ein Gefühl für die Landschaft vermitteln.

Martens blieb bis an sein Lebensende in Australien. Ohne FitzRoys Empfehlung hätte er dort vielleicht nicht genug Auftraggeber gefunden, um sich zu ernähren. Dann wäre er vielleicht nach England zurückgekehrt, um seine Bilder von der *Beagle* in London auszustellen. Sein Leben lang nutzte er Skizzen von seinen Reisen als Grundlage seiner Werke, und immer blieb er Landschaftsmotiven treu. Seinen Schülern riet er: »Malt die schönen Motive der Natur und freut euch daran. Ihr werdet auch Gesichter von Menschen malen müssen, die oft hässlich, dumm oder boshaft aussehen und darum keine Freude spenden können«. Martens war der erste Landschaftsmaler Australiens und ist aus gutem Grund der berühmteste Künstler aus der australischen Kolonialzeit. Er hinterließ Bilder dieses damals kaum bekannten Landes, die in einer erkennbaren ästhetischen Tradition stehen. Er sah die Chancen, die sich ihm boten, und wusste sie klug zu nutzen.

ANN DATTA

BRIAN HOUGHTON HODGSON

Diplomat und Gelehrter

Brian Houghton Hodgson wurde 1820 als junger Offizier nach Nepal versetzt. 23 Jahre blieb er in dem Gebirgsland, wo er einerseits in der Britischen Ostindien-Kompanie politisch Karriere machte und andererseits als erster Europäer das Land, seine Einwohner, deren Kultur und Religion sowie die Vögel und Säugetiere Nepals erforschte. Er wurde 1801 in Prestbury in der englischen Grafschaft Cheshire geboren und hatte das Glück, 1816 einen der begehrten Ausbildungsplätze als Schreiber bei der Ostindien-Kompanie zu ergattern. Damit war ihm eine sichere und gut bezahlte Zukunft im Dienst der Kompanie gewiss. Zunächst besuchte er im Alter von 15 Jahren das Haileybury College in Hertfordshire. Diese Schule der Ostindien-Kompanie mussten alle Beamtenanwärter besuchen, um sich auf die Arbeit in Indien vorzubereiten. Er tat sich durch gute Leistungen in Politik und Wirtschaft, Persisch, Hindi und Bengali hervor. Im Dezember 1817 reiste er ab und kam 1818 in Kalkutta an. Dort studierte er am College der Ostindien-Kompanie in Fort William Sanskrit und Persisch, bis er schwer erkrankte. Er hatte drei Möglichkeiten: in Kalkutta zu sterben, nach England zurückzukehren oder aus dem heißen Kalkutta wegzuziehen. Er entschied sich für die dritte Option. 1819 wurde im kühleren Bezirk Kumaon am Fuß des Himalaja in der Präsidentschaft Bengalen (heute Bundesstaat Uttarakhand) eine Stelle frei. Hodgson reiste mit dem Schiff auf dem Ganges

Von diesem signierten Gemälde des Künstlers Rajman Singh aus dem Jahr 1835 war Hodgson sehr angetan. Er beschrieb es als »ein Beispiel ‚der schönen Künste' Nepals«. Der Bartgeier *(Gypaetus barbatus)* ist im Himalaja und in den Gebirgen Europas und Asiens verbreitet.

án Sink Nipalensis
fecit

Der hübsche Kleine Panda *(Ailurus fulgens)* ist im Himalaja und in Nepal heimisch.
Einer seiner dortigen Namen lautet »Wha« – angelehnt an den lauten Ruf dieses Tiers.

flussaufwärts und über Land weiter bis Kumaon, wo er den dortigen Kommissar George William Traill bei der Inspektion des Gebietes unterstützen sollte. In der Region lebten Tiger, Leoparden, Bären, Rehe, wilde Ziegen und interessante Vögel. Es war schwierig, Informationen über die Siedlungen zusammenzutragen. Traill und Hodgson mussten über steile Bergpfade wandern und Flüsse auf schwankenden Hängebrücken überqueren. Hodgson gewann dabei intensive Eindrücke des ländlichen Indiens und seiner artenreichen Natur. Außerdem erlebte er unmittelbar, wie Traill einen weit vom Regierungssitz gelegenen Bezirk verwaltete. Diese Erfahrung war für seine spätere Laufbahn sehr wertvoll.

1820 verließ Hodgson Kumaon und zog nach Nepal. Er war zum Zweiten Kolonialverwalter nach Edward Gardner in der Britischen Residenz in der Hauptstadt Katmandu befördert worden. Zwei Jahre später ergab sich die Möglichkeit, erneut aufzusteigen und in Kalkutta als Zweiter Außenminister eingesetzt zu werden. Trotz der früheren schlechten Erfahrungen mit dem dortigen Klima nahm Hodgson an, erkrankte aber erneut und musste 1824 nach Katmandu zurückkehren. Den Rest

Obwohl das Chinesische Schuppentier *(Manis pentadactyla)* auf dem ganzen indischen Subkontinent und in Nepal verbreitet ist, gehen die Bestände durch Wilderei stark zurück. Die Tiere werden wegen des Fleisches gejagt, aber auch wegen ihrer Schuppen, die Heilwirkung besitzen sollen.

seiner Amtszeit in Indien verbrachte er im Himalaja. Kurze Zeit war er als Postminister der Residenz tätig, bis er 1825 wieder in seine alte Position als Zweiter Kolonialverwalter eingesetzt wurde. Gardner ging vier Jahre danach in den Ruhestand. Hodgson war von 1829–1831 Geschäftsführender Britischer Gesandter und 1833–1843 Britischer Gesandter. Er hatte zu den einheimischen Nepalesen ein herzliches Verhältnis. Der Vizekönig Lord Ellenborough fand jedoch, dass Hodgson sich zu stark in deren Angelegenheiten einmischte und damit der Politik der Kompanie zuwider handelte. Damit endete Hodgsons Karriere bei der Ostindien-Kompanie, und er ging in den Ruhestand.

Für einen zwanzigjährigen Mann muss die Britische Residenz in Katmandu ein kalter, einsamer Außenposten des Britischen Empire gewesen sein. Um Konflikte mit den nepalesischen Herrschern zu vermeiden, lebten dort nur sehr wenige Briten: der Kolonialverwalter, sein Stellvertreter, ein Arzt und eine Militäreskorte. Die Briten durften sich nur im Katmandu Valley bewegen, einem Gebiet von etwa 26 km Länge und Breite. Weiße Frauen waren in der Residenz nicht zugelassen. Hodgson

empfand diese Lebensbedingungen als beengend und frustrierend. Freizeitaktivitäten wie die Vogeljagd waren zwar erlaubt, konnten aber dem Vergleich mit seinem aktiven Leben in Kumaon, das auch landschaftlich ansprechend war, nicht standhalten. So beschäftigte sich Hodgson mit allem, was er über Nepal herausfinden konnte. Über das Land war im Westen nur sehr wenig bekannt. Er war der erste Europäer, der Kultur, Sprachen, Anthropologie, Architektur, Religion, Geografie, Kunst, Manuskripte, Bücher und Natur des Landes studierte. Der Kolonialverwalter Edward Gardner war ein gebildeter Mann und unterstützte Hodgsons Interessen. Da er wenig Arbeit, ein großzügiges Gehalt und geringe Kosten hatte, konnte er im Lauf der Zeit die umfangreichste Sammlung nepalesischer Artefakte zusammentragen. In seinen ersten Jahren als Zweiter Kolonialverwalter lernte Hodgson aufgrund seiner Sprachbegabung sich mit den Einheimischen in ihren eigenen Sprachen zu unterhalten und gewann dadurch ihr Vertrauen. Er empfand die Nepalesen als sanftmütig, gebildet und hilfsbereit. Da er selbst das Katmandu Valley nicht verlassen durfte, beschäftigte er Einheimische, die für ihn das Sammeln erledigten.

Einen beachtlichen Anteil von Hodgsons Ausbeute machte die zoologische Sammlung aus. Sein Interesse an den Naturwissenschaften wurde wahrscheinlich schon in Hailesbury durch Reverend Henry Walter geweckt, der dort Chemie und Naturgeschichte lehrte. Wegen der Reisebeschränkungen stellte Hodgson seine ersten praktischen zoologischen Studien an einem Rhinozeroskalb an, das 1824 im Tierpark des Maharadschas von Nepal zur Welt kam. Dort erwachte seine Begeisterung für die Zoologie, vor allem für Vögel und Säugetiere, denen er in den nächsten 20 Jahren seine ganze Aufmerksamkeit widmete. Wenig später entdeckte Hodgson im Tierpark eine kleine Antilope, ein Geschenk an den Maharadscha aus Tibet. Hodgson konnte die Art nicht bestimmen, erhielt aber den Kadaver, nachdem das Tier gestorben war. In seiner kurzen Zeit in Kalkutta machte ihn der Gesellschaftsmaler Sir Charles D'Oyly mit den gebildeten Briten in der Stadt bekannt, darunter Lady Flora Hastings, der Gattin des Vizekönigs, und Mitgliedern der Asiatic Society of Bengal. Dorthin schickte er Fell und Hufe der Antilope. Clarke Abel identifizierte sie als neue Art, Tibetantilope oder Tschiru, und benannte sie zu Ehren ihres Entdeckers *Antelope* (heute *Pantholops*) *hodgsonii*. Aus dem Fell des

Der Himalaja-Fischuhu *(Ketupa flavipes)* ist auf dem indischen Subkontinent und in Nepal heimisch. Er geht vorzugsweise an Flüssen auf die Jagd nach Fröschen. Hodgson hat ihn entdeckt und 1836 benannt.

Tschiru wird Shatoosh-Wolle gewonnen, die als besonders fein und warm gilt und traditionell für luxuriöse Schals verwendet wird. Heute zählt der Tschiru zu den bedrohten Tierarten.

Ab 1824 trafen bei Hodgson häufig tote und lebende Vögel und Säugetiere ein. Seine erste Veröffentlichung über eine neue Vogelart, den Nepalhornvogel *(Buceros nipalensis)* erschien in einer indischen Zeitung. Hodgson tat sich vor allem als Ornithologe hervor und lieferte Erstbeschreibungen von 80 Vogelarten, was für einen Amateur sehr beachtlich ist. Hodgson las viel, um sein zoologisches Wissen zu erweitern. Unterstützung erhielt er auch von Archibald Campbell, der 1832 als neuer Arzt in die Residenz kam. Er vermittelte Hodgson Grundkenntnisse der Anatomie und lehrte ihn das Sezieren. Hodgsons eigene Menagerie umfasste 1833 einen Tiger, ein wildes Schaf, eine wilde Ziege, vier Bären, drei Zibetkatzen und rund 60 Fasane. Nach der Beförderung zum Kolonialverwalter beschrieb Hodgson 1834 seinen Tagesablauf: »Nach dem Frühstück erledige ich meine Amtspflichten, die verantwortungsvoll aber nicht beschwerlich sind. Dann lese ich. Am liebsten beschäftige ich mich mit dem Studium der Menschenrassen, die in Nepal leben [...] den Vögeln und Vierbeinern [...]. Nach dem Mittagessen eine Stunde Billard, dann wieder lesen bis zum Abendlichen Reittraining [...]. Nach dem Abendessen nur Plauderei«. Das Jahresgehalt des Kolonialverwalters betrug großzügige £4000. Obwohl Hodgson mit einer einheimischen Frau zusammenlebte und drei Kinder hatte, waren seine Ausgaben gering und er konnte weiterhin auf eigene Kosten seine Sammlungen erweitern.

Da Nepal eine lange künstlerische Tradition hatte, fand Hodgson leicht Zeichner. Er musste sie allerdings lehren, wissenschaftliche Zeichnungen anzufertigen, die den lebenden Tieren ähnlich sahen. Er stellte seine Tiere in den muffigen Räumen der Residenz aus, und die Künstler malten sie auf großen Bögen von asiatischem oder englischem Papier – eine Art pro Bogen, oft ergänzt durch zusätzliche Darstellungen innerer oder äußerer Strukturen. Auf diesen Zeichnungen notierte Hodgson seine eigenen Beobachtungen, beispielsweise Körpermaße und Fundort. 1833 hatte er »drei einheimische Zeichner, die stets damit beschäftigt waren, nach der Natur zu zeichnen [...] inzwischen besitze ich etwa zweitausend Zeichnungen«. Der Künstler Rajman Singh, der viele Jahre für Hodgson arbeitete, wird in einigen Publikationen genannt, ansonsten sind die Namen der Künstler unbekannt. Hodgson ermutigte seine nepalesischen Mitarbeiter, auch eigene Beobachtungen in ihren eigenen Sprachen – Newari und Nepali, die er beherrschte – auf den Zeichnungen

Hodgson hat 1842 als Erster diese schöne Zibetkatze identifiziert, den Fleckenlisang *(Prionodon pardicolor)*, der in Nepal und anderen Teilen Asiens lebt. Der Zeichner hat das Blatt mit zahlreichen ergänzenden Skizzen gefüllt. Während seiner Zeit in Darjeeling hielt Hodgson einen Fleckenlisang im Haus.

zu vermerken. Unter Verwendung dieser Notizen schickte Hodgson laufend Manuskripte zur Veröffentlichung nach Kalkutta und London. In England erwarb er sich so den Ruf eines Experten für die Tierwelt Nepals. In vielen seiner Schriften hat er neue Arten beschrieben, in anderen taxonomische Beziehungen oder die geografische Verbreitung. Zwischen 1826 und 1858 hat Hodgson insgesamt 146 naturwissenschaftliche Schriften veröffentlicht, davon 82 über Säugetiere und 64 über Vögel. Um seine Leistung zu würdigen, wurden viele neue Arten nach ihm benannt, darunter die Hodgson-Fledermaus, der bereits genannte Tschiru und die Kürbisgattung *Hodgsonia*. Für seine bahnbrechenden Studien wurde er als Fellow in die Royal Society und als Ehrenmitglied in die Zoological Society of London aufgenommen.

Der Ornithologe John Gould veröffentlichte eine hochgelobte Reihe von Vogelbüchern. Hodgson bezog zwei davon: *A Century of Birds from the Himalaya Mountains* (1830–33) und *The Birds of Europe* (1832–1837). Zusammen mit Gould wollte er ein umfangreiches, farbig illustriertes Buch über die Vögel und Säugetiere Nepals veröffentlichen. Zur Vorbereitung gab er seinen Zeichnern den Auftrag,

Hodgsons Beschreibung dieser neuen Art war das erste wissenschaftliche Schriftstück über einen Vogel aus Tibet. Es handelt sich um einen weißen Ohrfasan *(Crossoptilon crossoptilon)*, der ihm 1838 gebracht wurde, als er in Katmandu lebte. Der Name spielt auf die weißen Federbüschel am Kopf an.

eine zweite »saubere« Serie von Vogelzeichnungen auf Grundlage der ursprünglichen Studien anzufertigen. 1836 beschrieb er dies als »eine für einen Nepalesen verwunderliche Aufgabe. Ich beschäftige nun einige mehr, sie sind in jedem Detail überaus korrekt und können sich mit jedem europäischen Zeichner messen«. Leider kannte sich Hodgson mit dem komplexen Herstellungsablauf von Goulds Publikationen nicht aus. Er war beleidigt, als Gould, der jünger als er und Sohn eines Gärtners war, ihm Modalitäten der Zusammenarbeit vorschlug, die nicht seinen Vorstellungen entsprachen. So kam das gemeinsame Projekt nicht zustande.

Hodgson hatte bereits zahlreiche zoologische Proben aus Nepal an die Zoological Society of London, die Asiatic Society of Bengal und andere Einrichtungen geschickt. Den Rest brachte er 1844 mit nach England und überließ ihn dem Britischen Museum in London. Er handelte aus, dass John Edward Gray, Leiter der zoologischen Abteilung, als Gegenleistung einen Katalog mit sämtlichen Proben von Fellen, Skeletten, Eiern, Nestern und Originalzeichnungen veröffentlichte. Außerdem sollte Gray Duplikate an bestimmte Einrichtungen weitergeben.

Hodgson kehrte 1844 nach England zurück, fand dort aber keine Ruhe und zog 1845 wieder nach Indien. Da er sich in Nepal nicht niederlassen durfte, zog er 1846 in die Bergstadt Darjeeling in der Präsidentschaft Bengalen, die an Nepal grenzte. Die Geografie war ähnlich wie in Katmandu, und da Hodgson dies zusagte, kaufte er einen Bungalow. 1858 kehrte er endgültig nach England zurück. Er starb 1894 im Alter von 94 Jahren in London.

In seiner Zeit in Darjeeling sammelte Hodgson neben Vögeln und Säugetieren auch Fische, Amphibien und Reptilien. Obwohl er sich in Indien frei bewegen durfte, beschäftigte er einheimische Jäger und konzentrierte sich selbst darauf, weitere Zeichnungen erstellen zu lassen und Schriften über Vögel und Säugetiere – auch aus Tibet und Indien – zu verfassen. In Darjeeling führte er ein ruhiges Leben. Archibald Campbell war hierher versetzt worden, und der Botaniker Joseph Dalton Hooker besuchte Hodgson während einer Sammelreise in den Himalaja. Seine Sammlung aus Darjeeling schenkte er ebenfalls dem Britischen Museum, und eine zweite Ausgabe des Katalogs wurde veröffentlicht. Die Sammlung umfasste 10 500 Exemplare von 9512 Vogelarten, 903 Säugetieren, 84 Reptilien, Amphibien und Fischen, eine große Zahl verschiedener Skelette und Schädel sowie Manuskripte und Aquarelle von 1241 Vögeln, 567 Säugetieren und 55 Reptilien – eine immense Sammlung. Außerdem besaß Hodgson die mit Notizen versehenen Arbeitsexemplare seiner Zeichnungen, die er großzügiger Weise in Indien dem Ornithologen Allan Octavian Hume auslieh, bevor er sie der Zoological Society of London überließ: zwei Bände Zeichnungen von Säugetieren, sechs Bände Zeichnungen von Vögeln sowie eine umfangreiche Sammlung von Manuskripten und Briefen.

Hodgson schuf die Grundlage für die weitere Erforschung der Vögel und Säugetiere Nepals. Seine Sammlungen sind ein wertvoller Fundus für die Taxonomie. In seinen Publikationen hat er viele neue Arten beschrieben, seine zoologischen Zeichnungen sind die ersten wissenschaftlichen Dokumente der Wirbeltiere des Himalaja, und seine Manuskripte und Briefe sind Zeugnisse seines Lebens. Er hat es verstanden, die schwierigen Lebensumstände in Katmandu für seine intensive Forschung zu nutzen. Sein Name ist untrennbar mit Nepal verbunden, und sein Wissensdurst hat bewirkt, dass er das Land und seine Bewohnerinnen und Bewohner über alle Maßen liebte.

ANN DATTA

JOHN GOULD

Vater der australischen Ornithologie

John Gould begann seine Laufbahn 1828 als Kurator im Museum der Zoological Society of London. Er erwarb sein Einkommen durch die Arbeit als Tierpräparator sowie den Betrieb eines Verlags in seinem Haus in der Broad Street (heute Brunswick Street) in London. 1838 gab er seine Stellung auf und segelte nach Australien, um die Vogelwelt zu studieren. Damals war er 24 Jahre alt und hatte vier Kinder. Er verbrachte zwei Jahre in Australien und sammelte Arten, die er für sein nächstes Buch brauchte. Glücklicherweise war er gesund und widerstandsfähig, besaß ein gutes Urteilsvermögen und enorme Ausdauer. Die Expedition war ein Erfolg und er veröffentlichte bedeutende Werke über die Vögel und Säugetiere Australiens, durch die er zu einem der wichtigsten Naturforscher des 19. Jahrhunderts wurde.

Bis zur Australienreise hatte Gould nur Bücher über Vögel veröffentlicht. Sie enthielten Texte mit detaillierten Beschreibungen zu jeder Art und von Goulds Ehefrau Elizabeth kolorierte Lithografien.

Die Bücher wurden in Teilen im Laufe mehrerer Jahre veröffentlicht und von wohlhabenden Naturliebhabern gekauft, die sich die teuren, eindrucksvollen Folianten im Format 55,9 cm x 40,6 cm leisten konnten. *A Century of Birds from the Himalaya Mountains* (1830–1833), *A Monograph of the Ramphastidae, or Family of Toucans* (1833–1835) und *A Monograph of the Trogonidae, or Family of Trogons* (1835-1838) stießen in wissenschaftlichen Fachzeitschriften auf positive Kritik.

Schwärme der schönen Inka-Kakadus *(Cacatua leadbeateri)* sah Gould im Süden Australiens. Diese Tafel stammt von Gould und H.C. Richter.

Gould war Sohn eines Vorarbeiters in den königlichen Gärten und in Bezug auf die Naturkunde Autodidakt. In der Zoological Society beeindruckte er damit, dass er die Prinzipien der Bestimmung und Klassifikation von Vögeln schnell begriff. Bald wurde er zum Leiter der ornithologischen Abteilung befördert.

Nach seiner fünfjährigen Reise mit der HMS *Beagle* (1831–1836) besuchte Charles Darwin die Zoological Society, um seine Sammlungen zu übergeben. Im Januar 1837 sortierte, bestimmte und benannte Gould die von Darwin mitgebrachten Vögel. Darwin war so beeindruckt, dass er Gould anbot, das Kapitel über Vögel für sein Werk *Zoology of the Voyage of HMS Beagle* zu schreiben.

Seit Kapitän James Cooks erster Reise nach Australien (1768–1771) waren Vögel von dem fernen Kontinent nach England geschickt worden. Manche exotischen Arten, wie der Leierschwanz, der Emu oder der Kakadu, waren gänzlich neu und weckten die Neugier der Naturforscher. Stephen und Charles Coxen, die nach New South Wales ausgewandert waren, schickten Gould auch einige Vogelhäute. Gould war überzeugt, dass noch viele andere australische Vögel entdeckt und nach England geschickt werden würden. Er begann 1837 mit zwei neuen Werken, *The Birds of Australia and the Adjacent Islands* sowie *Synopsis of the Birds of Australia*. Leider kamen nur wenige neue Arten an und er stellte die Arbeit an den Werken 1838 wieder ein.

Gould war enttäuscht und erkannte, dass er die Vögel selbst suchen musste, wenn er über sie schreiben wollte. Zwei weitere Faktoren dürften an seiner Entscheidung mitgewirkt haben: der Mangel an australischen Vögeln in den englischen Sammlungen und der Wunsch, selbst auf Forschungsreise zu gehen. So schiffte er sich mit seiner Frau Elizabeth, dem ältesten Sohn Henry, Elizabeths Neffen Henry William Coxen, zwei Dienern und dem Naturforscher John Gilbert auf der *Parsee* ein. Gilbert war engagiert worden, um Gould beim Sammeln zu unterstützen. Das Schiff lief am 16. Mai von London aus und kam am 18. September in Hobart, Tasmanien (damals Van Diemen's Land) an. Gould legte Sir John Franklin, dem Gouverneur von Tasmanien, seine Empfehlungsschreiben vor. Franklin und dessen Frau Jane, die sich intensiv für die Naturforschung einsetzten, waren von Goulds Plänen tief beeindruckt. Sie unterstützten seine Feldarbeit finanziell und boten der Familie an, im Gouverneurssitz zu wohnen. Das war für Goulds Frau, die seit wenigen Monaten schwanger war, besonders angenehm.

Die Finkenvögel der Art *Poephila mirabilis* hat Gould in Australien nicht in freier Natur beobachtet. Die Beschreibung erstellte er anhand von Exemplaren im Museum für Naturgeschichte in Paris.

Gould befürchtete, das rote Känguru *(Osphranter rufus)*, Australiens größtes Landtier, könne durch Viehzüchter aus seinem natürlichen Lebensraum verdrängt werden.

In den ersten vier Monaten sammelten Gould und Gilbert gemeinsam Vögel in Tasmanien. Überall trafen sie auf Kängurus. Gould schrieb: »Erst als ich in dem Land ankam und mich von höchst eigenartigen Objekten umgeben sah, als befände ich mich auf einem anderen Planeten, kam ich auf die Idee, meine Aufmerksamkeit auch den Säugetieren dieser außergewöhnlichen Fauna zuzuwenden«. Er beschloss, auch sie zu sammeln. Im Februar 1839 schickte er Gilbert mit klaren Anweisungen aus, den Westen und Norden Australiens zu erforschen. Gould wollte nach New South Wales und in den Süden Australiens reisen, sammelte aber zuerst auf den Inseln vor der Küste Tasmaniens. Im Februar 1839 setzte er nach Sydney über und verschaffte sich die Zustimmung von Siedlern, auf ihrem Land zu sammeln. Er besuchte seine Schwäger in Yarrundi, bevor er rechtzeitig zur Geburt seines Sohnes am 6. Mai in Hobart eintraf. Sie nannten den Jungen Franklin, nach ihren Gastgebern. Ende Mai reiste Gould nach Adelaide, wo er den Murray River erforschte und Kangaroo Island besuchte. Im August siedelten die Goulds nach elf Monaten in

Hobart nach New South Wales über – gerade rechtzeitig zur Nistsaison im Frühling. Sie wohnten bei dem Naturforscher Dr. George Bennett in Sydney, sodass Gould weiter sammeln konnte.

Im September reisten sie mit einem Dampfer von Sydney nach Newcastle, dann auf dem Hinter River bis Maitland und weiter mit Pferd und Wagen bis zum Anwesen der Familie Coxen. Bis zur Ankunft am 30. September sammelte Gould, während Elizabeth zeichnete. Nachdem Gould die direkte Umgebung erkundet hatte, brach er zu seiner größten Exkursion ins Landesinnere auf. Mit fünf anderen Europäern erforschte er das Gebiet Upper Hunter – Liverpool Range – Namoi. Zwei Einheimische führten sie und fingen auf traditionelle Weise Tiere mit Netzen. Nach vier sehr ergiebigen Monaten kehrten die Goulds am 1. Februar nach Sydney zurück. Gould unternahm eine letzte Sammelexkursion und beendete seine geschäftlichen Verbindungen, bevor die Familie am 9. April an Bord der *Kinnear* ging und im August 1840 wohlbehalten in England eintraf. Mit ihnen kamen zwei Wellensittiche, ein Geschenk von Charles Coxen. Dies waren die ersten lebenden Vögel, die aus Australien nach England gebracht wurden.

Zu John Goulds Zeit wurde in großem Stil gesammelt, hauptsächlich um neue Arten zu entdecken und zu benennen. »Nur indem ich mindestens hundert Tiere in verschiedenen Stadien des Gefieders, vom Nestling bis zum Alttier, tötete, konnte ich sicher sein, ob es sich um eine neue, eindeutig zu identifizierende Art handelt«, schrieb er über den Adelaidesittich, den er in der Stadt Adelaide entdeckt hatte. Allein in den fünf Monaten in Tasmanien sammelten Goulds und Gilbert »500 Vögel, 100 Skelette, 60 Nester und die Eier ebenso vieler Arten, außerdem drei Fässer à 9 Gallonen mit Proben in Alkohol«. Sie alle mussten sorgfältig konserviert und mit Datum, Name und Fundort versehen werden, bevor sie zu John Goulds Haus nach

Ein Wellensittich *(Melopsittacus undulatus)*, von Gould in Australien gesammelt.

Oben links: Den Bänderparadiesvogel *(Semioptera wallacii)* nahm Gould in die Ergänzung seiner *Birds of Australia* auf. Er wurde erst 1859 von A.R. Wallace auf den Molukken entdeckt. Die männlichen Vögel tragen zwei Paar lange, weiße Federn.

Oben rechts: Zahlreiche Goldflügel-Honigfresser *(Phylidonyris pyrrhopterus)* fand Gould am Fuß des Mount Wellington in Tasmanien. Zeichnung und Lithografie stammen von Elizabeth Gould.

London transportiert wurden. Ohne diese wichtigen Angaben wären sie völlig wertlos gewesen.

Gould war ein leidenschaftlicher Naturforscher. Das Sammeln allein genügte ihm nicht. Er wollte alles über das Leben der Tiere wissen. Nachdem er geduldig den Langschwanz-Zaunkönig an verschiedenen Standorten beobachtet hatte, schrieb er: »Er ist überall in Van Diemen's Land und auf den Inseln in der Bass Strait verbreitet […] in jeder Schlucht, im Buschwerk und Unterholz […]. Er ist lebhaft und munter, sein Gesang ist ein hübsches Trällern […]. Sein Nest […] besteht meist aus Gras und ist mit Federn warm gepolstert, manchmal auch mit Fell vom Känguru oder Opossum […] er zieht auch die Jungen des Bronzekuckucks auf […]. Die Eier, vier oder fünf an der Zahl, sind weißlich-rosa mit rötlich-braunen Sprenkeln und Flecken […]. Mit den langen Beinen bewegt er sich geschickt am Boden […], seine Nahrung besteht aus Insekten […]«.

Während Goulds Auslandsreise hatten seine Geschäfte durch die sorgfältige Arbeit seines Sekretärs Edwin Charles Prince einen Aufschwung genommen. Gould begann gleich nach der Rückkehr nach England seine Sammlungen für ein neues Buch, *The Birds of Australia,* aufzubereiten. Der erste Teil erschien Ende 1840. Anhand von Elizabeths Zeichnungen und seiner Notizen skizzierte Gould grob seine Gestaltungsideen für die Tafeln und überließ Elizabeth die Ausarbeitung. Sie stellte 84 Tafeln fertig, bevor sie im August 1841 nach der Geburt ihres achten Kindes starb. Gould beauftragte den fähigen Zeichner und Lithografen Henry Constantine Richter mit der Fertigstellung der restlichen Tafeln. Mit insgesamt 600 Abbildungen war es Goulds teuerstes Buch, das die Subskribenten £115 kostete. Gould druckte 250 Exemplare, die 1866 restlos ausverkauft waren. Noch lange nach der Fertigstellung erhielt Gould von Marineoffizieren und Sammlern Vögel aus Australien, weshalb er einen Ergänzungsband mit 81 Tafeln (1851–1869) veröffentlichte. Die Kängurus beschrieb Gould einmal als »überaus bemerkenswerten Stamm der Vierbeiner, von denen viele ausgesprochen schön sind«. Das erklärt vielleicht, warum er 1841 mit der Veröffentlichung von *A Monograph of the Macropodidae* begann (die 1842 eingestellt wurde). 1845 begann er *The Mammals of Australia,* das 1863 fertiggestellt wurde und 182 Abbildungen enthielt.

Während Gould an seinen illustrierten Werken arbeitete, veröffentlichte er in *Proceedings of the Zoological Society of London* Beschreibungen neuer Arten aus Australien. Als Anerkennung für seine Leistungen wurde er 1840 in die Zoological Society und 1843 in die Royal Society aufgenommen. Nach dem Abschluss der Veröffentlichungen über australische Vögel im Jahr 1847 hatte Gould keine Verwendung mehr für seine Sammlung. Mit dem Britischen Museum stand er seit vielen Jahren in Verbindung. Dem engagierten Leiter der Zoologie John Edward Gray war daran gelegen, die zoologische Sammlung des Museums zu erweitern, und Gould bot dem Museum seine Vögel für £1000 an. Das Museum lehnte ab, weil angeblich die meisten Vögel schon in der nationalen Sammlung vorhanden seien. Diese Entscheidung wurde später kritisiert, denn Goulds Sammlung enthielt diejenigen Exemplare, auf denen seine Beschreibungen neuer Arten basierten. 1847 wurde seine Sammlung an die Academy of Natural Sciences in Philadelphia, Pennsylvania verkauft. Seine Säugetier-Sammlung hatte das Britische Museum schon 1841 erworben.

Schon als Junge hatte Gould Eier in den Hecken gesammelt, in der Themse gefischt oder auf dem Land gejagt. Nichts davon stellte sein Durchhaltevermögen so sehr auf die Probe wie die beiden Jahre in Australien. Täglich drohte Gefahr durch

Gilbert sammelte diese neue Art in Goulds Auftrag am King George Sound.
Als Anerkennung für seine Dienste benannte Gould das Tier nach ihm:
Gilbert-Kaninchenkänguru *(Potorous gilbertii)*.

giftige Tiere, feindselige Ureinwohner oder Unfälle. Er musste Klimaextreme – extreme Trockenheit und tropische Hitze – aushalten. Er bestieg den Mount Wellington bei Hobart und kämpfte sich an den Ufern des Murray River durch dichtes Buschwerk. Einmal äußerte er, er wolle zurück nach Australien gehen, was er aber nicht tat. Gilbert, der nennenswert zu Goulds Sammlungen beigetragen hatte, kam im September 1841 wieder in England an. Trotz einiger Missverständnisse bezüglich der gemeinsamen Expedition nahm Gilbert bereitwillig den Auftrag an, noch einmal nach Australien zu reisen. Er verließ England 1842 und wurde auf Ludwig Leichardts Landexpedition von Brisbane nach Port Essington von Einheimischen getötet.

Goulds Expedition fand zum idealen Zeitpunkt statt, denn wenig später veränderten sich die Gegebenheiten durch europäische Siedler. Die Bestände einheimischer Arten verringerten sich, manche starben ganz aus, wie es Gould für den tasmanischen Beutelwolf vorausgesehen hatte. Aus seinen umfangreichen Sammlungen und Feldnotizen, die er mit nach England brachte, entstanden viele Artikel, drei große illustrierte Bücher und drei kleinere Handbücher, die Texte aus den

Diese Illustration von Elizabeth Gould zeigt zwei Blauohr-Honigfresser *(Entomyzon cyanotis)* auf einem Eukalyptusbaum am Ufer des Hunter River. Die Vögel suchen zwischen den Blüten nach Insekten.

großen Ausgaben enthielten. Die Sammlungen wurden an verschiedene Institutionen verkauft, ein Teil der Zeichnungen an Edward Smith Stanley, den 13. Earl of Derby, um die Kosten der von Gould selbst finanzierten Expedition zu decken. Von den ungefähr 750 australischen Vogelarten beschrieb Gould in *The Birds of Australia* 681, davon etwa 200 neue Arten. Aus diesem Grund wurde er »Vater der australischen Ornithologie« genannt. 1909 wurde ihm zu Ehren in Melbourne die Gould League of Bird Lovers gegründet, deren Hauptziel darin besteht, Schulkindern Achtung vor Vögeln zu vermitteln. Goulds hat mit seiner Forschungsreise auch zur Erforschung der australischen Säugetiere und zur Entdeckung neuer Arten beigetragen.

The Birds of Australia und *The Mammals of Australia* haben mehr als andere Werke des 19. Jahrhunderts dazu beigetragen, dass die Europäer etwas über die Natur Australiens erfuhren. Seinen Erfolg verdankte Gould den richtigen Verbindungen und seinem fesselnden Wesen, das es ihm ermöglichte, mit den unterschiedlichsten Menschen gut zusammenzuarbeiten – mit Kolonialverwaltern ebenso wie mit Landbesitzern und australischen Ureinwohnern. In eleganter Prosa hat er ein Land voller ungewöhnlicher Tiere, bunter Blumen, Zedernwälder und faszinierender Landschaften beschrieben, die in den großen Farbtafeln seiner Werke greifbar wurden.

DAVID WILLIAMS

CHARLES DARWIN

Sammler mit Liebe zur Natur

Der Grundgedanke der Evolution, dass sich manche Arten aus anderen entwickelt haben, beschäftigte die Menschen schon einige Zeit bevor Charles Darwin (1809–1882) seine eigene Theorie in seinem Werk *Über die Entstehung der Arten durch Naturauslese* darlegte. Nach der zweiten Ausgabe fügte Darwin sogar eine »Historische Skizze« hinzu, in der er kurz alle nannte, die sich seiner Meinung nach in der einen oder anderen Weise mit der Entwicklung der Erde beschäftigt hatten, von bekannten Naturforschern wie Buffon (Georges-Louis Leclerc, Comte de Buffon), Thomas Henry Huxley und Joseph Dalton Hooker bis zu Männern wie William Charles Wells und Henry Freke, über die heute kaum noch etwas bekannt ist. Darwin gibt an, die Grundidee für seine eigene Theorie sei ihm auf seiner fünfjährigen Reise an Bord der HMS *Beagle* gekommen (1831–1836), der zweiten Forschungsreise dieses Schiffs nach Südamerika.

Seine *Entstehung der Arten* beginnt Darwin mit diesen Worten: »Als ich an Bord des ›Beagle‹ als Naturforscher Süd-America erreichte, überraschten mich gewisse Thatsachen in hohem Grade, die sich mir in Bezug auf die Vertheilung der Bewohner und die geologischen Beziehungen der jetzigen zu der früheren Bevölkerung dieses Welttheils darboten. Diese Thatsachen schienen mir, wie sich aus dem letzten Capitel dieses Bandes ergeben wird, einiges Licht auf den Ursprung der Arten zu

Acht Jahre lang hat sich Darwin mit Rankenfußkrebsen beschäftigt. Er untersuchte zahlreiche Proben, auch diese essbare Art, die im indopazifischen Raum heimisch ist.

P. mitella
14

10
Pollicipes mitella Linn

Porträt von Darwin nach der Reise mit der *Beagle* und nach seiner Heirat mit Emma (geborene Wedgwood) im Jahr 1839. Gemalt von George Richmond (1809–1896).

werfen, dies Geheimnis der Geheimnisse, wie es einer unsrer größten Philosophen genannt hat.«

In diesem Absatz nennt Darwin zwei Gedanken, die zu seiner Lösung des »Geheimnisses der Geheimnisse« beigetragen haben: Biogeografie, »die Vertheilung der Bewohner«, womit er die Pflanzen und Tiere meint, sowie die weit zurückreichende Geschichte, » […] die geologischen Beziehungen der jetzigen zu der früheren Bevölkerung dieses Welttheils«. Grundsätzlich ergibt sich aus der Verbindung von Geografie und Geschichte ein verwertbarer Ansatz, um das Leben auf der Erde zu erklären, und sie kann als Basis für nachvollziehbare Forschungen dienen.

Dies waren jedoch vor allem Inspirationen für Darwins Theorie über den *Mechanismus* der Evolution, wie die Dinge zustande gekommen sind, nicht die *Fakten* der Evolution, Wissen, das sich auf die Vielfalt von Löwen und Tigern, Vögeln und Bienen, Pflanzen und Mikroben und so weiter bezieht. Erkenntnisse über die Beziehungen von Organismen zueinander lassen sich nur durch das Studium von Exemplaren gewinnen, die auf Reisen wie mit der *Beagle* gesammelt und präpariert werden, um sie nach der Rückkehr kenntnisreichen Taxonomen zu übergeben. Diese beschrieben die Proben, zeichneten sie, bestimmten ihre korrekten Namen (sofern bereits vorhanden) und machten ihr Wissen durch Veröffentlichungen anderen zugänglich.

Thomas Henry Huxley, der später wegen seiner heftigen, wortgewaltigen Verteidigung von Darwins Theorie als »Darwins Bulldogge« bekannt wurde, brachte den großen Arbeitseinsatz der Taxonomen auf den Punkt. Spät in seinem Leben schrieb er über die beschreibende Arbeit in Bezug zur Biogeografie: »Ich halte die

Annahme für grundfalsch, dass jemand die Verteilung – oder jede andere große Frage der Biologie – erfolgreich studieren kann, wenn es an Gelegenheit oder Neigung mangelt, die Mühsal erschöpfender anatomischer, embryologischer und physiologischer Präparation auf sich zu nehmen.« Des einen Mühsal, des anderen Faszination.

Wie viele junge Männer seiner Zeit begeisterte sich Darwin für die Natur, betrachtete sie als Herausforderung und wollte all die verschiedenen Pflanzen und Tiere, die in ihr lebten, entdecken und benennen. Die Jagd – das Schießen von

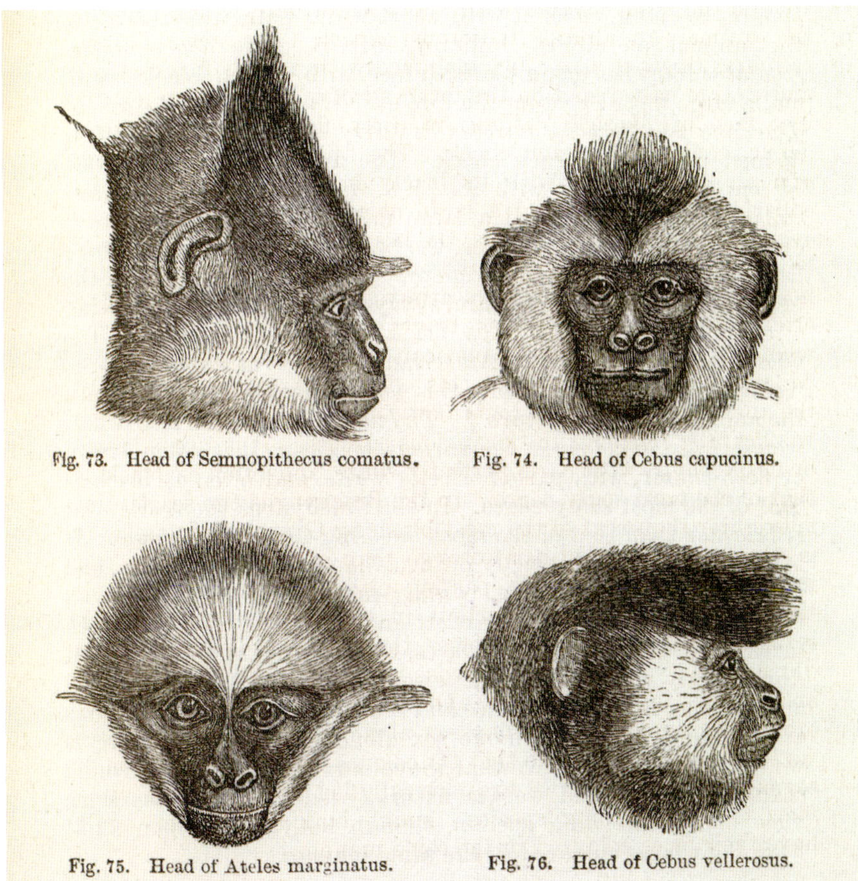

Diese Köpfe verschiedener Affen finden sich auf einer Illustration im Abschnitt über die »Schönheit der Quadrumana« in Darwins Werk *Über die Abstammung des Menschen*.

Ceroglossus darwini, benannt von Frederick William Hope (1797–1862) anhand von Proben, die Darwin während der Reise mit der *Beagle* in Chile gesammelt hatte.

Vögeln und das Fischen – war zu seiner Zeit ein beliebter Zeitvertreib. Viele waren aber auch leidenschaftliche Sammler. Sie trugen Schätze zusammen, manchmal Funde vom eigenen Grundstück, manchmal Geschöpfe, die sonst niemand besaß. 1876 schrieb Darwin in seinen Lebenserinnerungen: »Ich versuchte die Namen von Pflanzen festzustellen und sammelte alles mögliche: Muscheln, Siegel, Briefumschläge mit Frankaturstempeln, Münzen und Mineralien. Die Sammelleidenschaft, die einen Mann zum systematischen Naturforscher [...] machen kann, war bei mir stark ausgeprägt«.

Im Oktober 1825 begann der damals gerade 16-jährige Darwin ein Medizinstudium in Edinburgh, wo er den Zoologen Robert Grant traf und mit diesem Meerestiere sammelte. Darwin brach das Studium bald ab, weil er den Anblick von Operationen und Blut nicht ertrug. Anfang 1828 wechselte er nach Cambridge, um Theologie zu studieren. Er sammelte weiterhin unermüdlich, vor allem Käfer, um möglichst viele seltene Arten zusammenzutragen. In seinen Lebenserinnerungen schrieb er später: »Größere Freude als ich beim Anblick der Zauberformel: ›gefangen von C. Darwin, Esqu.‹, einer Bildunterschrift in Stephens *Illustrations of British Insects* hat wohl kein Dichter je empfunden, als ihm sein erstes Gedicht gedruckt vor Augen kam.«

In Cambridge lernte Darwin den Botaniker John Stevens Henslow kennen, der ihm empfahl, Alexander von Humboldts *Reise in die Äquinoktial-Gegenden des Neuen Kontinents* zu lesen. Der ausführliche Bericht seiner Reisen in die »Neue Welt« umfasste in der damaligen englischen Übersetzung sieben Bände. Humboldts Einfluss auf Naturforscher des viktorianischen Zeitalters ist nicht zu unterschätzen. Seine lebendigen Schilderungen abenteuerlicher Expeditionen in unerforschte Gebiete müssen in den Ohren junger Männer wie Musik geklungen haben. Henslow war an den Vorbereitungen für die zweite Reise der *Beagle* beteiligt und begann in die Wege zu leiten, dass Darwin mitfahren konnte.

Am 27. April 1839 schrieb Joseph Dalton Hooker an seinen Vater, Sir William Jackson Hooker: »Wer war Mr. D[arwin] vorher? [...] die Reise mit Fitzroy hat ihn zu dem gemacht, was er ist«. Humboldts Reisebericht brachte Darwin auf die Idee, selbst eine Expedition auf die Kanarischen Inseln zu planen. Im Juni 1832 wollte er abreisen. Dazu kam es aber nicht, denn inzwischen hatte Henslow ihm nicht nur einen Platz auf der *Beagle* verschafft, sondern auch Kapitän Robert FitzRoy und, vielleicht noch wichtiger, Darwins Vater vom Nutzen der Reise überzeugt. Darwin Senior bezweifelte, dass sein Sohn irgendetwas Nützliches zustande bringen könnte. Auch der oben zitierte Brief von Joseph Dalton Hooker an Sir William Jackson Hooker war ein Beschwichtigungsversuch.

Die *Beagle* stach am 10. Dezember 1831 von Devonport (Plymouth) in See. Darwin nahm einige Bücher mit an Bord, darunter den ersten Band von Humboldts Reisebericht, den Henslow ihm geschenkt hatte. Die Widmung lautete »Von J. Henslow für seinen Freund C. Darwin zum Aufbruch aus England zu einer Reise um die Welt. 21. Sept 1831«. Etwa fünf Jahre später lief die *Beagle* im Oktober 1836 in Falmouth

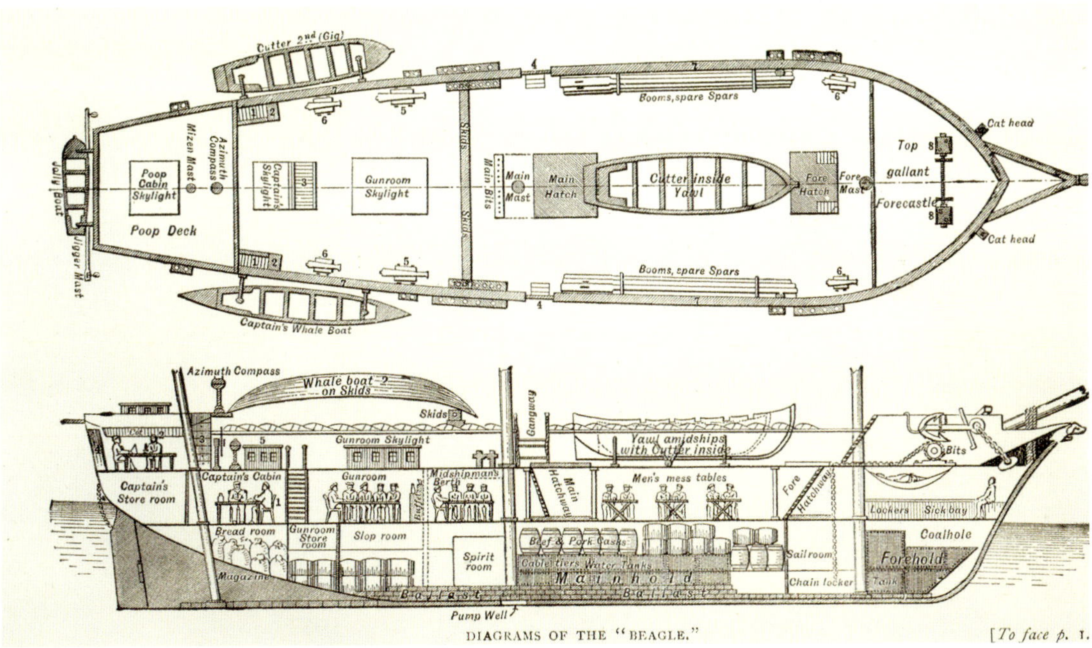

Pläne der HMS *Beagle*. Darwin war auf der zweiten ihrer drei Reisen an Bord (1831–1836).

(Cornwall) ein. Darwin schrieb später seine eigenen Reiseerinnerungen nieder. Auf der Grundlage seiner Tagebücher verfasste er einen Bericht über die Reise mit der *Beagle*, deren erste Ausgabe unter dem Titel *Journal of Researches* 1839 erschien. Zahlreiche Auflagen mit Korrekturen und Veränderungen folgten. Bekannt wurde das Werk unter dem Titel *Voyage of the Beagle*.

Während der Reise sammelte Darwin eine beachtliche Menge biologischen Materials. Der Umfang seiner Sammlungen lässt sich nicht genau bestimmen. Sie bilden die Grundlage für über 100 zeitgenössische Schriften, von denen die ersten schon vor der Rückkehr der *Beagle* (1836) erschienen. Darwin dokumentierte und beschrieb eine Vielzahl von Pflanzen, Tieren, Protisten, Parasiten, Steinen und Mineralien. Allerdings ließ er sich »die Mühsal erschöpfender anatomischer, embryologischer und physiologischer Präparation« abnehmen. Charles Cardale Babington, ein alter Freund Darwins aus Cambridge, war eigentlich Botaniker, untersuchte aber die Käfer. William Buckland untersuchte Steine und Mineralien, Thomas Spen-

Darwin züchtete Felsentauben. Diese Präparate überließ er 1867 dem *Natural History Museum* in London.

cer die Entozoa (Parasiten), Christian Gottfried Ehrenberg die Diatome und andere Protisten, George Robert Waterhouse die Säugetiere und Insekten. Darwins Mentor Henslow befasste sich mit den Pflanzen. Richard Owen untersuchte viele der ausgestorbenen Säugetiere, und John Gould katalogisierte die Finken und Spottdrosseln von Galapagos. Vor allem die beiden Letzteren brachten damit Belege für die Bedeutung der geografischen Verteilung zutage (die Darwin anfangs nicht klar war). Owen rekonstruierte Beziehungen zwischen ausgestorbenen Tieren und stützte damit die Relevanz der Frühgeschichte.

Die Historikerin Polly Winsor schrieb: »Die Bedeutung des [Klassifizierungs-] Systems erschloss sich Darwin nicht an Bord der *Beagle*, sondern erst 1837, nachdem Experten seine Proben klassifiziert hatten«. Von da aus war es nur noch ein kleiner Schritt bis zu den *Fakten* der Evolution.

Die Taxonomie hat heute ein merkwürdiges Image. Für viele wirkt es beinahe unwissenschaftlich, eine spezifische Probe in aller Ausführlichkeit mit Worten zu beschreiben und ihr dann einen lateinischen Namen zu geben. Diese Vorgehensweise scheint ein Relikt aus dem Zeitalter der Entdeckungsreisen zu sein. Auch Taxonomen gelten als sonderbar. Der Entomologe Wayne Moss schrieb: »Taxonomen gelten seit jeher als schwierig. Ihre Unnachgiebigkeit könnte daran liegen, dass sie sich intensiv in ein Taxon vertiefen müssen, das andere für langweilig halten. Es ist frustrierend, eine Arbeit zu tun, über die alle Welt gähnt«. Gleichzeitig assoziiert man mit der Taxonomie auch, was Huxley »Mühsal« nannte, denn die Beziehungen zwischen Organismen lassen sich vielleicht nur in ihnen selbst finden.

Über Darwins Reise mit der *Beagle* ist viel geschrieben wurden, zumal er »durch die Reise mit FitzRoy erst wurde, was er ist«. Auf dieser Reise keimte die Idee für seine Theorie der natürlichen Auslese. Ohne all die Proben, die er in diesen fünf Jahren gesammelt hat, und ohne die zahlreichen Experten, die sie untersucht und identifiziert haben, hätte er diese Theorie nicht weiterentwickeln können. Dasselbe gilt für die vielen Institutionen, in denen seine Proben aufbewahrt wurden (und noch werden), sodass andere Menschen sie erforschen und mehr über das vielschichtige Beziehungsgeflecht des Lebens auf der Erde erfahren können.

VIRGINIA MILLS UND CAM SHARP JONES

JOSEPH HOOKER

Bahnbrechender Phytogeograf

Schon als Junge begeisterte sich Joseph Dalton Hooker für die Entdecker des 18. Jahrhunderts und ihre aufregenden Reisen. Sein großes Vorbild war Joseph Banks, der mit der HMS *Endeavour* unter dem Kommando von Kapitän Cook die erste Weltumsegelung unternahm. 1839 ging Hooker daran, seine Pläne umzusetzen. Er war 22 Jahre alt, hatte sein Medizinstudium abgeschlossen und eine Stellung als Assistenzarzt auf der HMS *Erebus* angenommen, die unter dem Kommando des bekannten Polarforschers Kapitän James Clark Ross in die Antarktis fahren sollte. Halb offiziell sollte Hooker auch als Naturforscher tätig werden. Für einen jungen Botaniker ist die Antarktis vielleicht kein verlockendes Ziel, aber Hooker erklärte in einem Brief an seinen Vater: »Die Länder, in die ich reise, wird künftig wahrscheinlich kein Botaniker besuchen. Und darin liegt der große Reiz«. Hooker wollte sich ganz der Botanik widmen. Um davon leben zu können, musste er sich einen Namen machen. Von der Antarktisreise versprach er sich neue Entdeckungen, die ihm wissenschaftliche Anerkennung bringen würden.

Die Ross-Expedition (1839–1843) versuchte drei Sommer lang, sich ihrem Ziel, dem magnetischen Südpol, so weit wie möglich zu nähern. Die Forscher wagten sich in unbekannte Gewässer und drangen weiter nach Süden vor als frühere Entdecker. Sie erstellten Karten von neuen Gebieten, darunter dem Rossmeer, dem

Feldstudie von *Rhododendron argenteum,* von Hooker mit Bleistift und Aquarellfarben erstellt. In Indien entdeckte Hooker über 20 *Rhododendron*-Arten, die bis dahin im Westen unbekannt waren.

6.
v. R. arboreum ?
Scarlet Rhododendron
R. argenteum. Hook. fil.
very near

Pagothenia phocae, eine von zahlreichen zoologischen Zeichnungen, die Hooker auf der Ross-Expedition fertigte, und die später in *The Zoology of the Voyage of the H.M.S. Erebus & Terror* von Richardson und Gray veröffentlicht wurden.

Ross-Schelfeis und großen Teilen der Antarktis, deren Existenz zuvor noch nicht bestätigt war. Die Wintermonate, in denen das Südpolarmeer nicht schiffbar war, verbrachten sie in Neuseeland, wo Hooker im Landesinneren zahlreiche Pflanzen sammelte. Auch auf See war er nie untätig. Neben seinen Pflichten als Arzt erstellte er tägliche Wetterberichte für Kapitän Ross und beteiligte sich am Loten, um Tiere, Temperatur und Salzgehalt des unerforschten Meeres zu ermitteln, schrieb Notizen und Tagebücher, kümmerte sich um die ordnungsgemäße Aufbewahrung von Pflanzen und überwachte den Einsatz von Schleppnetzen, mit denen Meerestiere und -pflanzen an Bord gebracht wurden. Abends untersuchte er die Proben unter dem Mikroskop, das bei rauer See am Tisch befestigt werden musste. Was am Tag gesammelt wurde, zeichnete, beschrieb und bestimmte er bis in die Nacht hinein. Auch beim Sammeln unternahm er große Anstrengungen. In der Antarktis hielt er extreme Kälte aus und setzte sich zuweilen auf Flechten, um sie aufzutauen, sodass er sie von Felsen abschaben konnte. Weil es am Südpolarkreis lange hell war, konnte er Dutzende von Bänden mit seinen Beobachtungen erstellen. Seine botanischen Studien wurden später in sechs Bänden über die Flora der Antarktis, Neuseelands und Tasmaniens veröffentlicht. Diese begründeten seinen Ruf.

Auch auf seiner nächsten großen Expedition nach Indien und in den Himalaja (1847–1851) sammelte Hooker in Gegenden, die der Wissenschaft noch unbekannt waren. Er erhielt zwar als einer der ersten Westeuropäer die Erlaubnis, ins Königreich Sikkim (heute ein Teil Indiens) im Himalaja einzureisen, aber der Maharadscha von Sikkim und dessen Beauftragte hielten ihn immer wieder auf, schickten ihn auf Irrwege oder verweigerten ihm Proviant. Als er versehentlich die Grenze zu

Tibet (heute ein Teil Chinas) überquerte, wurde er sogar inhaftiert. Hooker berichtete zwar von grober Behandlung, sammelte aber unverdrossen weiter und ertrug sogar die Monsunzeit, um alle Entwicklungsstadien der Pflanzen zu studieren. Er trug Wollstrümpfe und bestreute sich mit Tabak, um sich bei dem nassen Wetter vor Blutegeln zu schützen. Dennoch musste er täglich hundert Egel ablesen und hatte auch unter Insektenstichen zu leiden. Obwohl ihm die Höhenkrankheit zu schaffen machte, stieg er auf über 5500 m und stellte fest, dass die Vegetationsgrenze höher lag als bisher angenommen.

Seinen Ruf als Botaniker hatte Hooker vor allem seiner scharfen Beobachtungsgabe und seiner Sammelleistung zu verdanken. Pflanzen, Tiere und Orte, die er auf seinen Reisen sah, dokumentierte er in Text und Bild. Von allen Expeditionen schickte er Briefe und Berichte an Familie, Freunde und Kollegen – nicht nur, um sie teilhaben zu lassen, sondern auch, um für den Erhalt seiner Daten zu sorgen, falls er eine Reise nicht überlebte. Diese Briefe und Berichte bilden neben Zeichnungen und Proben sowie wissenschaftlichen Daten, die sein Verständnis der Taxonomie und Artenvielfalt beeinflussten, die Grundlage von Hookers Veröffentlichungen über die Pflanzen der Welt.

Hooker hatte früh gelernt, dass es für einen engagierten Wissenschaftler wichtig war, gut zeichnen und malen zu können. Er meinte zwar, dass eine einfache Schwarzweißzeichnung einer Pflanze oder Blüte für einen Botaniker genügte, um eine Pflanze zu erkennen, tatsächlich hat er aber von vielen Pflanzen, die er entdeckte, detaillierte, farbige Feldstudien angefertigt. Diese Zeichnungen schickte er nach Kew, um sie anderen Forschern zugänglich zu machen. In Indien fertigte er Freihandskizzen von Orchideen und Rhododendren mit Details von Blüten, Knospen, Samen und Stielen. Viele ergänzte er durch Notizen und Anmerkungen, manchmal auch durch Farbproben der lebenden Pflanze. Seine Feldstudien aus Indien wirken oft unfertig. Manche sind nur halb koloriert, andere sogar nur halb gezeichnet. Dennoch lassen sie erkennen, dass Hooker wusste, wie viel wissenschaftliche Information sich auf visuellem Weg vermitteln ließ, denn alle

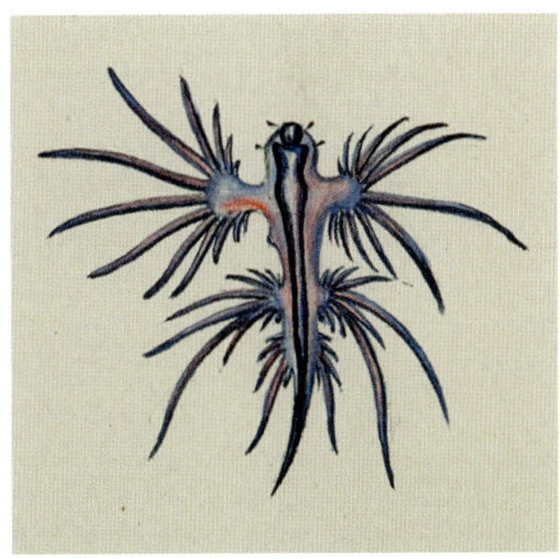

Obwohl Hookers Zeichnungen botanischer und anderer Motive oft klein waren, zeichnen sie sich durch große Sorgfalt im Detail aus.

Hookers Aquarell des Donkia Passes in Sikkim (Indien) mit Gebetsbannern im Vordergrund und hohen Bergen in der Ferne.

Details, die er für wichtig erachtete, arbeitete er sorgfältig aus. Da die Zeichnungen beispielsweise verschiedene Phasen des Lebenszyklus einer Pflanze zeigten, entsprachen sie der Norm für botanische Zeichnungen, waren also weit mehr als künstlerische Stillleben. Hooker schickte neben getrockneten und lebenden Pflanzen auch Zeichnungen nach England. So konnten sein Vater William, damals Direktor der Royal Botanic Gardens in Kew und Künstler wie Walter Hood Fitch hochwertige Lithografien seiner Entdeckungen drucken. Viele dieser Pflanzen hatte kein Engländer jemals in Natura gesehen. Besonders gut kamen die Illustrationen in Hookers Werk *The Rhododendrons of Sikkim Himalaya* an, das in den Gärten geradezu einen Rhododendron-Wahn auslöste. Für die Wissenschaft waren Hookers Zeichnungen, Beschreibungen und Proben eine wichtige Grundlage, um die Entdeckung neuer, unbekannter Arten zu dokumentieren.

Die Zeichnungen, die aus Joseph Hookers Zeit auf der HMS *Erebus* erhalten sind, unterscheiden sich erheblich von denen aus Indien. Sie zeigen deutlich, dass Hooker die Pflanzen mit einem Mikroskop untersuchte und auf See genug Zeit hatte,

detaillierte Zeichnungen der verschiedenen Arten anzufertigen. So sorgfältiges Arbeiten war »unterwegs« in Indien nicht möglich.

Aus Joseph Hookers Briefen und Zeichnungen geht hervor, dass er sich auch für andere Themen interessierte, darunter Geologie, Biogeografie und Ethnografie. Obwohl sein Schwerpunkt immer auf der Botanik lag, fühlte er sich als Entdecker verpflichtet, möglichst viele Informationen zusammenzutragen, um das wissenschaftliche Verständnis zu vertiefen und seinen Nachfolgern den Weg zu ebnen. In seinen Veröffentlichungen und privaten Unterlagen finden sich Zeichnungen und Beschreibungen von Menschen und Orten, die von den engen Verflechtungen der Naturwissenschaften Zeugnis ablegen. Sein Interesse an der Ethnografie beruhte hauptsächlich darauf, dass er Wissen über die einheimische Verwendung von Pflanzen zusammentragen wollte. Dies hielt er in Zeichnungen von Menschen, Gegenständen und Kleidung verschiedener Gesellschaftsgruppierungen Indiens fest. Seine topografischen Beschreibungen, Karten und Landschaftsskizzen vermittelten einen guten Eindruck von Regionen wie Sikkim, die für Europäer im

Hooker hatte diese Flechte im Januar 1843 in der Antarktis als *Lecanora miniata* identifiziert. Später fand er die gleiche Art 17 000 km entfernt im Himalaja.

19. Jahrhundert normalerweise unerreichbar waren.

Anhand seiner Sammlungen und Beobachtungen versuchte Hooker, auf die Grundprinzipien des Pflanzenreichs zu schließen. Da er sein Leben lang Forschungsreisen unternahm und von Kontaktpersonen aus aller Welt Proben erhielt, konnte er global denken. Er gilt als akribischer Wissenschaftler, der innovative Ideen über die geografische Verteilung von Pflanzen – die Phytogeografie – entwickelte. Besondere Aufregung schwang in seiner Korrespondenz mit, nachdem er im Himalaja auf 5000 m Höhe die rötliche Flechte *Lecanora miniata* fand, die er auch auf Inseln in der Sub-Antarktis gesehen hatte. Beim Versuch, Muster in der Verbreitung von Pflanzen zu erkennen, knüpfte Hooker an die Arbeit seines Vorbilds Humboldt an, der durch Exkursionen nach Südamerika berühmt geworden war, aber auch an die Arbeit seines engen Freundes Charles Lyell. Dieser vertrat erstmals die Ansicht, dass klimatische Veränderungen im Lauf der Zeit die Vegetation, vor allem die Entwicklung und Verbreitung von Arten, beeinflusste. Hookers lebenslanger Freund und Kollege Charles Darwin meinte ebenfalls, dass die geografische Verbreitung von Organismen ein Schlüssel zum Geheimnis der Arten sei.

Schon zu Lebzeiten galt Hooker als einer der führenden Botaniker des 19. Jahrhunderts. Er verfasste zahlreiche wissenschaftliche Werke und spielte im Netzwerk der damaligen Naturwissenschaft eine führende Rolle. Seine Werke sorgten dafür, dass die Botanik als wissenschaftliche Disziplin anerkannt und nicht mehr als Zeitvertreib für Amateursammler belächelt wurde. Hooker war Leiter der Royal Botanic Gardens, Kew (1865–1885), Vorsitzender der Royal Society (1872-1877) und Gründungsmitglied des exklusiven 'X Club'. Diesem gehörten Wissenschaftler verschiedener Fachgebiete an, darunter Thomas Henry Huxley und John Lubbock. Sie übten großen Einfluss auf das Wissenschaftsklima des viktorianischen Zeitalters aus, setzten sich für naturwissenschaftliche Bildung ein und sorgten dafür, dass man Naturwissenschaftler als Experten anerkannte. Hookers Bedeutung bemisst sich auch an der Anzahl der Arten, die nach ihm benannt wurden, und der viel größeren Zahl, die er selbst benannt und wissenschaftlich beschrieben hat. Mit seinem Kollegen George Bentham publizierte er eine Flora der Welt, *Genera Plantarum,* in der auf Grundlage von Studien in Kew über 97 000 Arten Samen bildender Pflanzen beschrieben werden. Das Buch klassifiziert die Arten in einer taxonomischen Hierarchie von Pflanzenfamilien und zeigt so die Beziehungen zwischen den Arten auf. Dieses sogenannte Bentham-Hooker-System wurde weltweit übernommen, und auch die Sammlungen in Kew wurden entsprechend geordnet, bis neue Systeme auf Grundlage genetischer Daten eingeführt wurden. Dass die neue Technologie viele von Hookers Klassifizierungen bestätigt hat, spricht für die enorme Schärfe seiner Beobachtungsgabe.

Hooker richtete in Kew eines der größten Herbarien der Welt ein und nutzte seine Position in Wissenschaftskreisen, um Kew zu einem führenden Forschungszentrum der Taxonomie zu machen. Durch seine Forschungsreisen verfügte er über ausgezeichnete Kenntnisse der weltweiten Biogeografie. Er nutzte aber auch britische Handels- und Transportnetzwerke, um Sammler zu beschäftigen und neu entdeckte, wirtschaftlich interessante Arten außerhalb ihrer Heimat anzupflanzen. So flossen seine Erkenntnisse auch in den kommerziellen Kontext ein. Er selbst strebte an, »mehr als Sammler und Reisender zu sein«. Ihn interessierten größere Konzepte, die über die Botanik hinausreichten, aber mit ihr im Zusammenhang standen. Seine Bedeutung für die Naturwissenschaft ergibt sich nicht aus einer Entdeckungsreise, sondern aus lebenslangem wissenschaftlichem Streben, das auf seinen Expeditionen und genauer Beobachtung basierte.

ANN DATTA

THOMAS BAINES

Kunst und Forschung in Afrika und Australien

Der englische Maler Thomas Baines hat einige der unwirtlichsten Landschaften Afrikas und Australiens im Bild festgehalten. Er war klein und zierlich und hinkte infolge eines Unfalls in der Kindheit, doch trotz dieser Einschränkungen war er ein unerschrockener, zäher Forscher. Sein Gesamtwerk umfasst mehr als 4000 Bleistiftzeichnungen, Aquarelle und Ölgemälde von Menschen und Orten, die er gesehen hat, sowie sechs Bücher und mehrere botanische Sammlungen.

John Thomas Baines (üblicherweise nur Thomas Baines genannt) kam am 27. November 1820 in King's Lynn an der Küste von Norfolk zur Welt. Sein Vater war Kapitän. Obwohl die Familie nicht reich war, besuchte Thomas Privatschulen in der Stadt. Künstlerisches Talent lag in der Familie und zeigte sich auch bei Thomas und seinem jüngeren Bruder Henry: Beide wurden Maler. Baines absolvierte in King's Lynn eine vierjährige Ausbildung zum Wappenmaler für Kutschen. Dies war eine erste und einzige Tätigkeit in England. In seiner Freizeit übte er zum eigenen Vergnügen, maritime Motive zu malen. Als seine Ausbildung 1842 endete, war es schwierig, in King's Lynn bezahlte Arbeit zu finden. Also reiste der 22-jährige Baines nach Südafrika, um sich um eine Arbeit in der Britischen Kapkolonie zu bewerben. Abgesehen von wenigen Besuchen in England und einer Expedition nach

Baines in einem Mangrovensumpf im Sambesidelta im November 1859. Kurz darauf wurde er aus dem Expeditionsteam entlassen und bestieg ein Schiff nach Kapstadt.

Atelier-Porträt von Thomas Baines, ca. 1860.

Australien blieb Baines die nächsten 33 Jahre – bis zu seinem Tod im Jahr 1875 – in Afrika.

Baines kam 1842 in Kapstadt an und arbeitete zunächst als Maler. Er brachte keine Voraussetzungen dafür mit, Forschungsreisender zu werden. Vielleicht kam er auf die Idee, nachdem er 1847 George French Angas begegnet war. Der wohlhabende englische Maler und Naturforscher hielt sich zwei Jahre in Südafrika auf, um Recherchen für ein großes Buch mit farbigen Abbildungen anzustellen: *The Kafirs Illustrated.* Für den jungen Baines war der Gedanke verlockend, sein Einkommen durch Forschung aufzustocken, aber für einen Städter war die Herausforderung groß. Er musste reiten und schießen lernen und währenddessen Bilder zum Verkauf malen. Weil viele Expeditionen in der östlichen Provinz starteten, zog Baines nach fünf Jahren in Kapstadt in die neuen Siedlungen Port Elizabeth und Grahamstown. Dort begann sein Leben als Künstler und Entdecker.

Er konnte es sich nicht leisten, selbst eine Expedition zu finanzieren. Darum schloss er sich Händlern und Jägern an und überquerte mit ihnen die Flüsse Orange und Vaal. Das Unterfangen hatte Übungswert und Baines zeichnete viel, aber der finanzielle Erfolg durch Jagdbeute war mager. In den beiden vorherigen Jahrzehnten hatten englische Jäger die großen Herden der Kapprovinz fast ausgelöscht. Dennoch hatte Baines seinen Forscherdrang entdeckt, der ihn nie mehr losließ. Sein Ruf als Maler war inzwischen den britischen Truppen bekannt, die am Kap in Grenzkriege verwickelt waren. 1851 und 1852 war Baines offizieller Kriegsmaler. Sein Bericht über diese Zeit wurde posthum im *Journal of Residence in Africa 1842–1853* veröffentlicht, denn Baines hatte nicht nur stets Skizzenbuch und Bleistift bei sich, sondern führte auch Tagebuch.

1853 und 1854 arbeitete Baines für die Royal Geographical Society in London. Seine Karten, die er im Landesinneren gezeichnet hatte, waren für die Gesellschaft von großem Wert. Zweifellos haben seine Fähigkeiten als Kartograf dazu beigetragen, dass er als Zeichner und Proviantverwalter an der Expedition in den Norden Australiens (1855–1857) teilnehmen konnte, die von der Society finanziert und von dem Australier Augustus Charles Gregory geführt wurde. Unter den 18 Expeditionsteilnehmern war auch der Botaniker Dr. Ferdinand von Mueller. Die Gruppe wollte dem Verlauf des Victoria River folgen und feststellen, ob es Mineralvorkommen gab und ob sich das Land zur Besiedlung eignete. Die Gruppe segelte weiter

Baines beobachtete das Verhalten von Elefanten, die beim Fällen von Bäumen ihren Rüssel wie einen Hebel einsetzten, 1870 in Hartley Hills (heutiges Simbabwe).

zur Mündung des Victoria River im Nordwesten Australiens, wo sie im September 1855 ankamen. Gregory teilte die Gruppe in zwei Hälften. Eine, die er selbst führte, wollte über Land den Albert River im Golf von Carpentaria erreichen. Er übergab Baines die Verantwortung für die andere Gruppe und wies ihn an, zuerst auf den Ostindischen Inseln frischen Proviant an Bord zu nehmen und dann am Albert River auf die erste Gruppe zu treffen. Die Reise war gefährlich, zumal das Schiff beschädigt und die Besatzung undiszipliniert war. Nachdem Baines Gregory verpasst hatte, kehrte er auf dem langen Seeweg um die Westküste Australiens im März 1857 nach Sydney zurück. Gregory lobte Baines' Beitrag zum Erfolg der Expedition und benannte den Mount Baines und den Baines River (den dieser entdeckt hatte) nach ihm. Obwohl Baines während der Reise mit enormen Schwierigkeiten zu kämpfen hatte, erfüllte er die Erwartungen seiner Geldgeber, der Royal Geographical Society, und lieferte bei seiner Rückkehr 1857 eine Mappe mit Bildern ab. Im gleichen Jahr wurde er wegen seiner »Dienste für die Geografie« in die Gesellschaft aufgenommen.

Gregorys lobender Bericht über Baines führte dazu, dass dieser als Maler und Proviantverwalter für David Livingstones Sambesi-Expedition (1858–1864) ausgewählt wurde. Das ehrgeizige Vorhaben unter Führung des berühmten christlichen Missionars wurde von der britischen Regierung und der Royal Geographical Society finanziert, um festzustellen, ob der Sambesi auf ganzer Länge schiffbar und als Handelsroute geeignet war. Bei der Abreise am 10. März 1858 waren neben Dr. David Livingstone dessen Bruder Charles Livingstone, der Arzt und Botaniker Dr. John Kirk, der Geologe Richard Thornton sowie Baines an Bord. Die Expedition sollte der Höhepunkt in Baines' Leben werden, endete aber in einer persönlichen Katastrophe.

Livingstone und Baines kamen aus bescheidenen Familienverhältnissen, allerdings hatte Livingstone Medizin studiert. Ihre Charaktere waren grundverschieden. Livingstone war autoritär und aufbrausend, Baines war bescheiden, hilfsbereit und ein guter Team-Arbeiter. Livingstones Anweisungen zufolge sollte Baines »naturgetreue Darstellungen der landestypischen Landschaften malen [...] wilde Tiere und Vögel lebensecht zeichnen [...] für die allgemeine Sammlung [...] aus vorgelegtem Material nützliche und seltene Pflanzen, Fossilien und Reptilien auswählen, um Dinge im Bild festzuhalten, die aufgrund des Klimas verderben könnten [...] typische Gestalten der verschiedenen Volksstämme für die Zwecke der Ethnologie zeichnen, wenn möglich mit den Abmessungen der Köpfe dieser Individuen, solche Maße sind überaus willkommen [...]«. Sie erreichten die Mündung des Sambesi

Oben links: Diese auf einem Baum wachsende Orchidee entdeckte Baines im März 1869 in Hartley Hills (heutiges Simbabwe).

Oben rechts: Nach der Abreise aus Durban kam die Gold-Expedition im März 1869 an den Umgeni Falls (Natal) vorbei, wo diese Skizze entstand.

(heutiges Mosambik) im Mai 1858. Ein eigens aus England eingeführtes Dampfboot brachte die Vorräte zum Lager in Tete, wo sie erst im November 1858 eintrafen. 1859 blieben Baines und Charles Livingstone im Lager, während David Livingstone und Kirk zu einer Exkursion aufbrachen. Charles Livingstone beschuldigte Baines, Proviant gestohlen zu haben. Kurz darauf entließ David Livingstone ihn und konfiszierte Baines Bilder, von denen sich heute viele in der Royal Geographical Society und einige im Natural History Museum in London befinden.

1860 tat sich Baines in Kapstadt mit James Chapman zusammen, einem wohlhabenden Elfenbeinjäger und Rinderhändler. Sie unternahmen eine rundum zufriedenstellende Expedition zu den Victoria Falls (durch die heutigen Länder Namibia, Botswana und Simbabwe), auf der Baines erstmals Elefanten in freier Natur sah und Felle und Hörner für den Verkauf sammelte. Die Expedition, die im März 1861 in Walvis Bay an der Westküste startete und am 23. Juli 1862 die eindrucksvollen Wasserfälle erreichte, ist in *Explorations in South West Africa* beschrieben. David Livingstone war zwar vorher hier, aber Baines machte die Wasserfälle mit seinen sensationellen Gemälden, die in *The Victoria Falls, Zambesi River* veröffentlicht wurden, unsterblich. Nach der Rückkehr blieb Baines eine Zeitlang bei dem Ornithologen Charles John Andersson und malte Vögel für dessen Buch über die Vogelwelt der Region. Der Text wurde 1872 (nach Anderssons Tod) ohne Illustrationen veröffentlicht. Baines' Gemälde wurden erst im 20. Jahrhundert gedruckt.

1865 kehrte Baines zum letzten Mal nach England zurück, arbeitete für die Royal Geographical Society, hielt Vorträge und besuchte seine Mutter, bevor sie 1870 starb. Mrs. Baines hat sich um die Veröffentlichung seiner Werke gekümmert und machte seine Leistungen in Afrika bekannt, indem sie Ausstellungen seiner Bilder und Sammlungen in King's Lynn organisierte. Als Baines 1868 in großen finanziellen Schwierigkeiten steckte, nahm er einen Auftrag der South African Gold Fields Exploration Company an und reiste ein letztes Mal nach Südafrika, um Gold zu suchen. Ziel der Seereise war Durban. Er war verantwortlich für die Expedition, die die Goldvorkommen von Matabeleland (heutiges Simbabwe) erkundete und führte die schwierigen Verhandlungen mit dem afrikanischen König Lobengula über die Schürfrechte, die 1871 gewährt wurden. Die Firma entschied sich aber gegen den Handel, und Baines, der in Geldangelegenheiten nie Geschick bewiesen hatte, lebte verarmt in Durban, bis er am 8. Mai 1875 starb. Der Bericht über seine letzte Expedition wurde posthum in *The Gold Regions of South-Eastern Africa* veröffentlicht. Die Gemälde der Expedition erwarb 1886 das British Museum (Natural History), (heute Natural History Museum in London).

In Afrika und Australien lebte Baines von seiner Kunst. Wann immer er etwas Interessantes sah, fertigte er stets eine Skizze, oft mit zahlreichen Notizen wie Datum, Motiv, Titel, Ort und immer der Signatur »T. Baines«. Wenn er später Zeit fand, malte er aufgrund solcher Skizzen Aquarelle oder Ölgemälde. Er hatte kein Atelier, sondern arbeitete auf Reisen oder zu Hause. Baines begegnete allem, was er auf Reisen sah, mit Neugier. Seine Bilder zeigen Ausschnitte des Lebens im 19. Jahrhundert: Landschaften, Pflanzen, Tiere, Menschen, Reisemöglichkeiten, Unfälle, Lagerleben und Erkundungen. Manchmal klagte er, weil auch seine anderen Beschäftigungen wie Proviantverwaltung, Jagd und Abwehr von Raubtieren viel Zeit kosteten. Er hatte ständig mit extremer Hitze, starkem Wind, Staubwolken oder

Vor der Abreise in die Drakensberge im März 1869 beobachtete Baines am frühen Morgen »grüne Hügel, warmes Licht, tiefe Schatten und wogende Nebelschwaden«.

Insekten zu kämpfen. Der Wind wehte seine Ausrüstung weg, Schweiß tropfte auf seine Bilder, Insekten fielen in die Farbe. Er fühlte sich oft unwohl, und in Australien waren seine Augen aufgrund von Mückenschwärmen zeitweise so verquollen, dass er nicht malen konnte.

Baines interessierte sich für alle Richtungen der Naturkunde und Anthropologie. Er war Laie, besaß aber vielfältige Kenntnisse und beschrieb seine Beobachtungen so detailliert, wie es im 19. Jahrhundert üblich war. Sein Stil liest sich heute noch so fesselnd wie damals: »Mai 1861 [...] zwischen den Mimosen haben wir mehrere Käfer und Schmetterlinge mit leuchtenden Flügeln gefangen [...]. Verbreitet ist auch der Elefantenkäfer, so benannt wegen seiner Größe und Farbe [...]. Ich habe eine riesige Aloe gefunden, mich auf den Boden gekniet und versucht, den Stamm weit unten mit den Armen zu umfassen. Der Umfang betrug fast vier Meter [...]. Habe einige Zweige abgebrochen [...] zu schwer, um sie zu tragen [...] habe mich darum gesetzt, um sie zu zeichnen, und am Weg abgelegt, nur die Blütenstände mitgenommen […], September 1861 […] etwa dreißig oder vierzig Buschmänner überholt […] manche waren fünf Fuß und fünf oder sechs Zoll [ca. 165–168 cm] groß, einer hatte rote Farbe auf den Wangen und mehrere abgeschnittene weiße Federn im Haar, die wie Lockenwickler aussahen. Er wirkte fast weibisch. Einer trug den Schädel eines Sekretärsvogels auf dem Kopf, der Schnabel ragte über der Stirn vor […]«.

Unfälle kamen auf den Reisen häufig vor, und das Leben war für Mensch und Tier anstrengend. Am 24. Oktober 1871 schrieb Baines: »Wir haben vor Mondaufgang angespannt und sind südwestwärts gefahren, um der [Tsetse-]Fliege zu entgehen. Beim Durchqueren einer kleinen Schlucht kam der Ochse mit Gees Wagen vom Weg ab und die vorderen Räder gerieten in ein Loch. Mein Wagen tat einen

Diese Studie eines Jagdausflugs entstand in Hartley Hills (heutiges Simbabwe) am 10. August 1870. Baines notierte dazu, er habe das Wildschwein erlegt.

Satz und kippte um. Haben nach dem Abladen die Deichsel gelöst, als Hebel zwischen Achse und Felge des Hinterrads geschoben, einen Flaschenzug angebracht, mit der Kraft von drei Ochsen den Wagen aufgerichtet und wieder beladen. Um 11 Uhr die anderen eingeholt, die an der Kreuzung ausgespannt hatten [...]«. Da Baines im Lauf der Jahre gelernt hatte, viele solcher Probleme zu lösen, war er der ideale Co-Autor für das Entdeckerhandbuch *Shifts and Expedients of Camp Life*.

Baines hat bedeutende botanische Sammlungen zusammengetragen und den Royal Botanic Gardens in Kew Pflanzen aus Australien und Südafrika überlassen. Das Sammeln, Konservieren und Transportieren von Pflanzen ist relativ einfach. Baines hatte einiges darüber von professionellen Botanikern wie Mueller in Australien und Kirk in Afrika gelernt und schickte regelmäßig Proben an Sir William Jackson Hooker und seinen Sohn Joseph Dalton Hooker, die Leiter der Royal Botanic Gardens, Kew, mit denen er jahrelang korrespondierte. Viele Pflanzenarten sind nach Baines benannt, um seinen Beitrag zur Botanik zu würdigen.

Baines hatte weder Zeit noch Transport- oder Lagermöglichkeiten, um viel zoologisches Material zu sammeln, allerdings wurde die Käferart *Bolbotritus bainesi* nach ihm benannt.

Insgesamt dokumentieren Baines' Bilder und Reiseaufzeichnungen 33 Jahre fortwährender Forschungsarbeit, die vor 170 Jahren in Australien und Südamerika stattfand – für Naturwissenschaftler, Anthropologen, Historiker und Kunsthistoriker ein unschätzbarer Fundus.

SANDRA KNAPP

ALFRED RUSSEL WALLACE

Vordenker, Naturschützer und Biogeograf

Alfred Russel Wallace war zweifellos einer der bedeutendsten Naturforscher seiner Zeit, und sein Erbe ist noch heute von Belang. Er entwickelte eigene Theorien zur Evolution, widerlegte die These, die Erde sei eine Scheibe, entwarf Häuser, engagierte sich für soziale Fragen und setzte sich gegen Impfungen ein. Er war ein außergewöhnlicher Forscher und dabei ein bescheidener, liebenswürdiger Mensch. Von seinen Expeditionen nach Südamerika und Südostasien brachte er Proben mit, die verkauft wurden, um weitere Expeditionen zu finanzieren. Auf diesen Reisen entwickelte er seine Vorstellungen über die Funktionsmechanismen der Welt.

Wallace kam in dem Städtchen Llanbadoc am Fluss Usk in der damaligen Grafschaft Monmouthshire zur Welt. Er war das achte von neun Kindern einer Mittelschichtsfamilie, die allmählich verarmte, weil es dem leichtlebigen Vater Thomas Wallace nicht gelang, seine wachsende Familie zu ernähren. Mehrere unkluge Investitionen und missglückte Geschäftsversuche führten dazu, dass die Familie immer wieder von einem Ort in den anderen umziehen musste. Für Alfred Russel Walaces spätere Liebe zur Natur war es zweifellos prägend, dass er seine frühe Kindheit in Wales verbrachte und meistens im Freien spielte. Als Alfred 14 Jahre alt war, blieb kein Geld mehr übrig für seine Ausbildung und er musste einen Beruf erlernen, um

Der Wallace-Flugfrosch *(Rhacophorus nigropalmatus)* hat Flughäute zwischen den Zehen, die ihm helfen, von Baum zu Baum zu gleiten. Wallace war sicher, dass dieses Merkmal die »Darwinianer« interessieren würde.

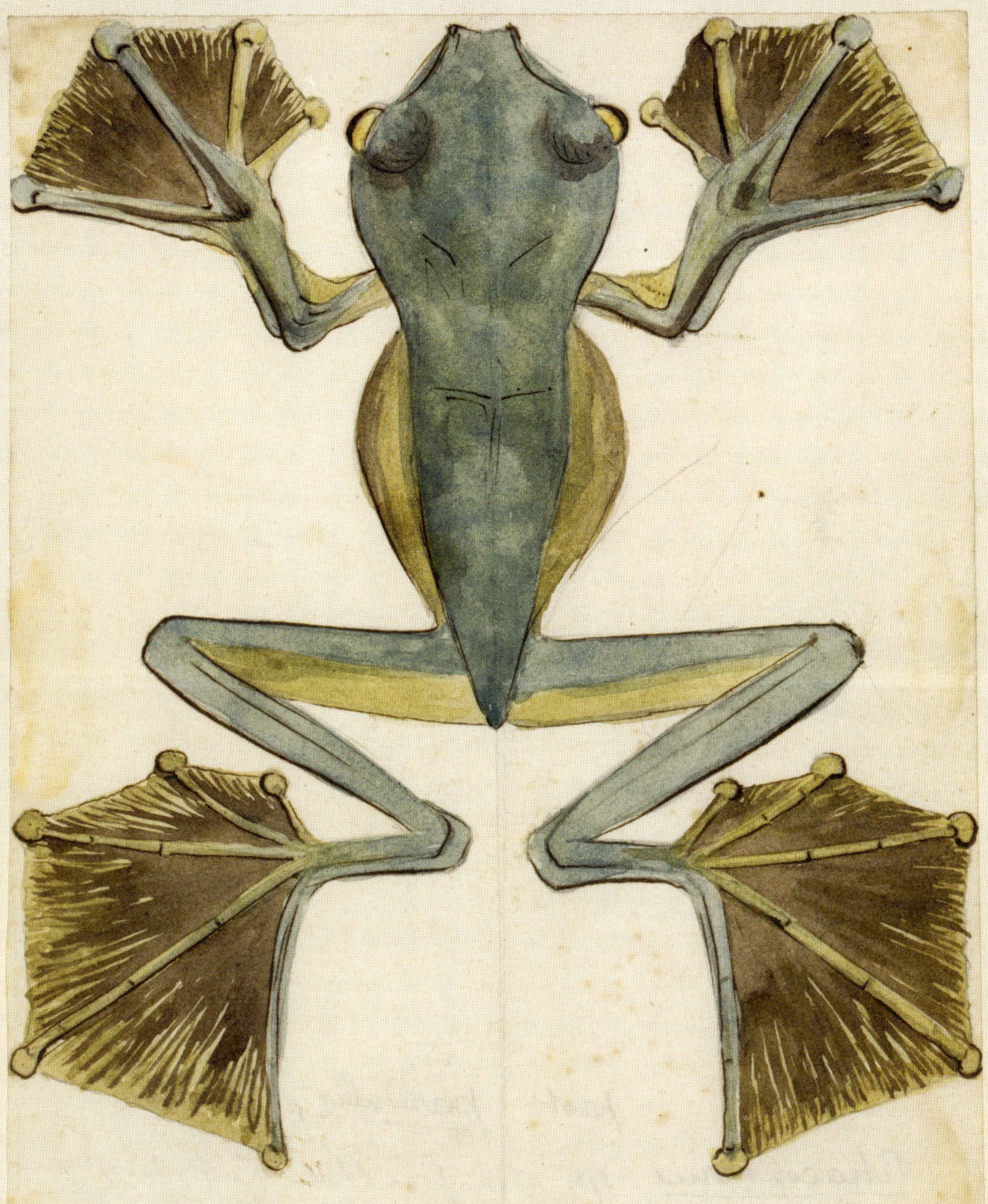

Rhacophorus. n. s.

Tree frog. Sarawak.

(a little under nat. size).

Back + limbs dark green, beneath + inner toes yel. web black at base, yellow rayed at margin legs not at all banded, glossy dark uniform green.

sich zu ernähren. Er zog vorübergehend nach London zu seinem Bruder, der Zimmerman war. Dort kam er mit den Naturwissenschaften in Berührung. Arbeiter und Kaufleute trafen sich, um zu lesen, Vorträge zu hören und Wissen aufzusaugen. Wallace besuchte Vorträge des Sozialisten Robert Owen und las die Werke von Thomas Paine. Die sozialistischen Theorien und das tägliche Beobachten des Überlebenskampfs der Arbeiter und Arbeiterinnen im viktorianischen England hatten großen Einfluss darauf, wie er später die Gesellschaftsstrukturen ferner Länder beurteilte.

Nach kurzer Zeit nahm ihn sein ältester Bruder William, ein Landvermesser, in die Lehre. In dieser Zeit lernte Alfred Russel Wallace vieles, das ihm später auf seinen Forschungsreisen von Nutzen war. Meist vermaßen die Brüder aufgrund des Tithe Commutation Act von 1836 Ländereien, um die Höhe von Abgaben festzulegen. Teilweise ging es auch um die Einhegung aufgrund der General Enclosure Acts aus dem 17. Jahrhundert. Land- und Forstflächen wurden eingehegt und durften künftig nicht mehr gemeinschaftlich von armen Familien, die selbst kein Land besaßen, genutzt werden. Wallace war empört über dieses Vorgehen, das er als »legalisierte Ausplünderung der Armen zugunsten der Reichen« betrachtete. Während dieser Zeit beschäftigte er sich intensiv mit Botanik und Geologie und las Bücher, die er sich am örtlichen Mechanic's Institute auslieh, darunter Darwins *Journal of the Voyage on the Beagle*. Er schaffte sich sogar eigene Bücher an. Von Lindleys *Elements of Botany* war er enttäuscht, weil das Werk ihm nicht half, die britischen Pflanzen zu bestimmen, die er auf seinen täglichen Spaziergängen in den Bergen sah. William billigte diese naturkundlichen Ausflüge nicht, was vielleicht auch wirtschaftliche Gründe hatte, doch davon ließ sich der Jüngere nicht beirren. Als 1843 Vater Wallace starb, begann für Alfred ein neuer Lebensabschnitt.

Er fand eine Stellung als Zeichner an der Collegiate School in Leicester, wo er ganz neue Einblicke in die Naturkunde gewann. Er verschlang Bücher, die er aus der örtlichen Bibliothek auslieh, und saugte förmlich Ideen aus Humboldts Reiseberichten und Malthus' *Essay on the Principle of Population* auf. Hier traf er auch Henry Walter Bates, der damals Lehrling im Strickwarenbetrieb der Familie war, sich aber vor allem für Käfer interessierte. Wallace unternahm mit Bates Exkursionen in die Umgebung von Leicester und war hingerissen von der Vielzahl der Arten, die dort zu finden war. Die Zeit mit Bates war prägend für Wallace, endete aber abrupt, als sein Bruder William starb und ihm sein Unternehmen hinterließ. Alfred Russel nahm die Arbeit als Landvermesser wieder auf, korrespondierte aber regelmäßig mit seinem Freund Bates in Leicester.

Als Alfred Russel Wallace im April 1848 an den Amazonas abreiste, war er ein junger Mann mit leidenschaftlichem Interesse für die Naturforschung. Durch die gesammelten Erfahrungen wurde er zu einem der bedeutendsten Tropenforscher aller Zeiten.

Gemeinsam hatten sie im Klima der großen naturwissenschaftlichen Umwälzungen des 19. Jahrhunderts den Plan geschmiedet, in die Tropen zu reisen, um im Amazonasgebiet »das Problem des Ursprungs der Arten« zu lösen. Befeuert von der Lektüre von Darwins Bericht über die Reise mit der *Beagle* sowie des anonym veröffentlichten Werks *Vestiges of the Origin of Creation* und des kleinen Buchs *A Voyage up the River Amazon* von W.H. Edwards brachen sie im April 1848 nach Brasilien auf. Um die Reise zu finanzieren, legten sie ihre spärlichen Ersparnisse zusammen und beauftragten einen Agenten namens Samuel Stevens damit, ihre Funde in London zu verkaufen. Naturkundliche Stücke fanden damals in Auktionshäusern reißenden Absatz.

Die Artenvielfalt der Tropen überwältigte Wallace, allerdings war er anfangs etwas enttäuscht, kaum Tiere zu Gesicht zu bekommen – »ich stellte aber schnell fest, dass es viele Geschöpfe gab, wenn man nur wusste, wo und wie man sie suchen musste«. Wallace und Bates gingen bald getrennter Wege. Da beide mit ihren gesammelten Funden weitere Forschungen finanzieren wollten, war es sinnvoll, das an verschiedenen Orten zu tun. Erstaunlicherweise hielten sie ihren Briefwechsel über alle künftigen Reisen hinweg aufrecht. Die Post war damals langsam, aber zuverlässig. Wallace zog von der Stadt Barra (heute Manaus) an den Rio Negro und in das Gebiet, in dem sein großes Vorbild Humboldt geforscht hatte. Er befuhr den Rio Negro, der seinen Namen wegen des teebraunen Wassers erhielt, und einen seiner größeren Nebenflüsse. Er sammelte und beobachtete, nutzte aber auch seine Kenntnisse

Diese Skizze hoher Regenwaldbäume am Amazonas, die Wallace in Para anfertigte, zeigt sein Talent als Zeichner.

als Landvermesser, um Karten zu zeichnen. Seine Karte des Rio Vaupes, die nach seiner Rückkehr 1852 veröffentlicht wurde, blieb für lange Zeit die beste, die es von diesem Gebiet gab. Wallace achtete genau auf die Verbreitung der Tiere. Ihm fiel auf, dass an den beiden Ufern der großen Flüsse unterschiedliche Arten lebten, und er notierte: »Kein Gebiet der Naturkunde ist interessanter und lehrreicher als die Erforschung der geografischen Verbreitung von Tieren«. Er schickte seine Beobachtungen an Samuel Stevens, der sie in naturwissenschaftlichen Zeitschriften veröffentlichen ließ und dadurch bewirkte, dass die Leserschaft gespannt auf weitere Proben wartete.

Wallaces Entdeckungen und Sammlungen waren außergewöhnlich. Er war tagelang unterwegs, um die Balzplätze der Felsenhähne aufzuspüren, suchte und fand Schirmvögel und beobachtete – das Gewehr im Anschlag – einen schwarzen Panther, der seinen Weg kreuzte. In dieser Zeit sammelte Wallace nicht nur Proben, sondern zeichnete auch viel. Leider sind aus seinen vier Jahren im Amazonasgebiet nur seine hervorragenden Bleistiftskizzen von Landschaften, Palmen und Fischen erhalten, die er allesamt auf Papierresten gefertigt hat. Bevor er die Rückreise nach Pará (Belem) und weiter nach England antreten konnte, musste er seine Sammlungen auslösen, die der Zoll in Manaus beschlagnahmt hatte. Als sich die *Helen*, auf der Wallace für sich und seine Sammlungen eine Passage gebucht hatte, auf halbem Weg über dem Atlantik befand, fing eine Ladung Balsam aus Capivi Feuer. Die Besatzung und die Passagiere, einschließlich Wallace, mussten das Schiff verlassen, weil der Brand nicht gelöscht werden konnte. Wallaces komplette Sammlungen – »vier Jahre Entbehrungen und Gefahr« – wurden vernichtet. Retten konnte er nur seine Karte des Rio Negro, einige Notizen und Skizzen sowie die Kleider, die er am Leib trug.

Er kam aber lebend in London an und schrieb aus der Erinnerung ein Buch über seine Reisen und ein kleineres Werk über die Palmen am Amazonas. Glücklicherweise hatte Stevens die Sammlungen versichert, sodass Wallace nicht mittellos war, sondern £200 erhielt. Sein Ruf eilte ihm voraus, denn in den wissenschaftlichen Gesellschaften Londons hatte man seine Berichte vom Amazonas gelesen. Er fand

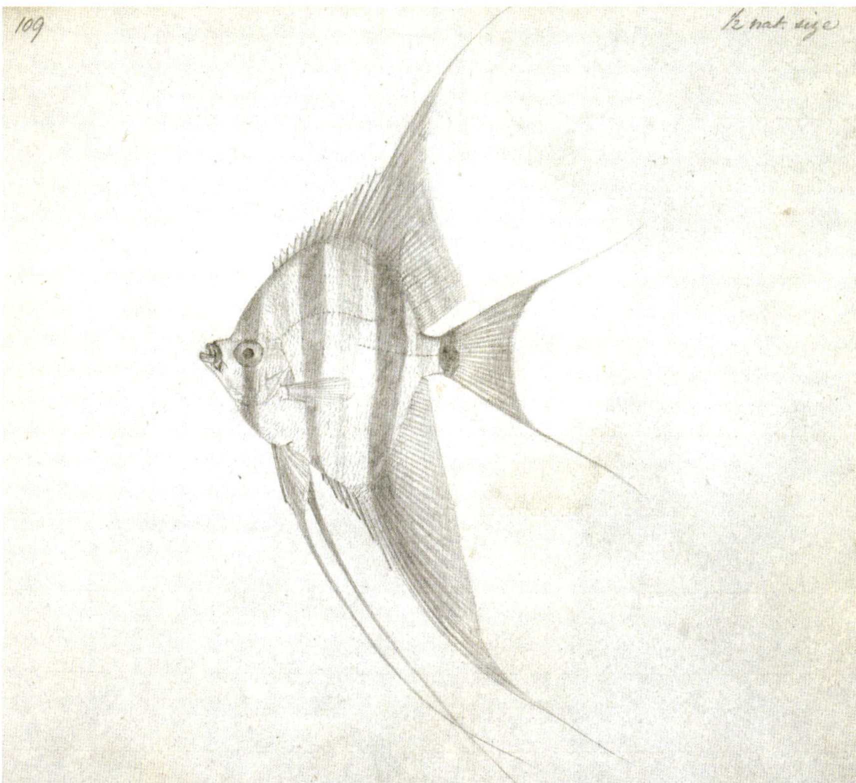

Skalare sind beliebte Aquariumsfische, die in den Nebenflüssen des Amazonas heimisch sind. Wallace musste sie in Brasilien zügig zeichnen, bevor sie in den Topf kamen.

Zugang zur wissenschaftlichen Szene der Hauptstadt, aber sein scharfer Intellekt und seine Abenteuerlust waren ungetrübt. Sein Wunsch war, auch künftig als Naturforscher und Sammler tätig zu sein. Mit Unterstützung von Sir Roderick Murchison von der Royal Geographical Society konnte er 1854 ein Schiff mit Kurs auf den Malaiischen Archipel besteigen.

Wallace blieb mehr als zehn Jahre in Südostasien. Seinen Platz in der Wissenschaftsgeschichte sicherte er sich nicht nur durch seine großartigen Sammlungen aus unbekannten Ländern, sondern auch durch Schriften, die er an Wissenschaftler

Schon in England staunte Wallace über die große Zahl unterschiedlicher Käferarten. Aber eine Auswahl seiner Sammlungen aus Südostasien zeigt diese Artenvielfalt in Perfektion.

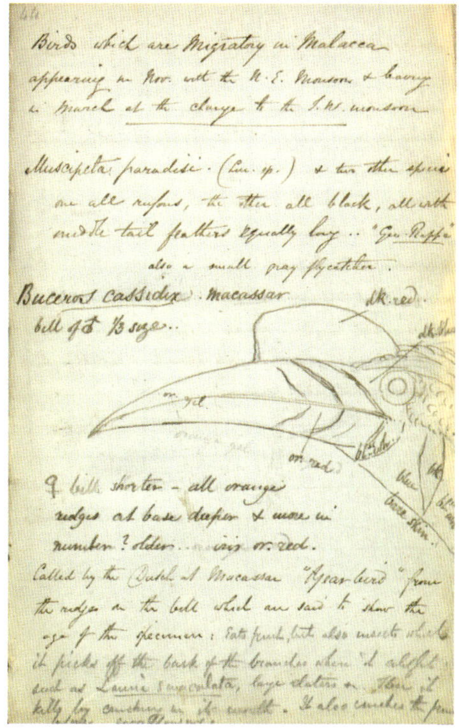

Feldnotizen sind wichtig, um Details zu dokumentieren, die beim Trocknen von Proben verloren gehen. Wallace notierte Farben und Verhaltensweisen von Vögeln. Dadurch waren seine Sammlungen für künftige Forscher von größerem Nutzen.

in London schickte. Wie auf seinen Reisen im Amazonasgebiet unternahm er abenteuerliche Sammelexkursionen und stellte philosophische Betrachtungen an. Da er kein Boot mieten konnte, um sich in der Inselwelt zu bewegen, ließ er selbst eines bauen. Seine Begeisterung für die Schönheit der Natur bewahrte er sich immer. Als er zum ersten Mal einen prächtigen, exotischen Schmetterling in seinem Netz fing, fühlte er sich »nicht nur einer Ohnmacht nahe […] sondern fast wie im Angesicht des Todes«. Beim Anblick des kleinen, rot-weißen Königs-Paradiesvogels sinnierte er, es sei ein Jammer, dass solche schönen Tiere ihr Leben außer Sicht der Menschen verbringen, doch kämen Menschen je in ihren Lebensraum, würden sie sicherlich die »gut ausgewogenen Beziehungen« stören und so zum Aussterben der wunderbaren Geschöpfe beitragen. Daraus schloss er, dass »*nicht* alle Lebewesen für den Menschen geschaffen sind«.

Seinen Ruf als großer Denker seiner Zeit erwarb er sich endgültig mit seinem Essay *On the Tendency of Varieties to Depart Indefnitely from the Original Type*, den er nach einer fiebrigen Erkrankung auf der Insel Ternate (heute ein Teil Indonesiens) schrieb und an Charles Darwin schickte. Darin legte er ausführlich und mit Belegen aus der Geografie untermauert eine Erklärung zur Veränderung von Arten im Lauf der Zeit dar. Damit präsentierte er die Theorie der Evolution durch natürliche Auslese als Grundlage der Artenvielfalt und motivierte Darwin, sein Werk *Über die Entstehung der Arten* zügig fertigzustellen. 1858 wurde dieser Essay neben einer Schrift Darwins auf einer Konferenz der Linnean Society den Spitzen der Londoner Wissenschaftsszene vorgelesen. Wallace befand sich damals noch im fernen Asien.

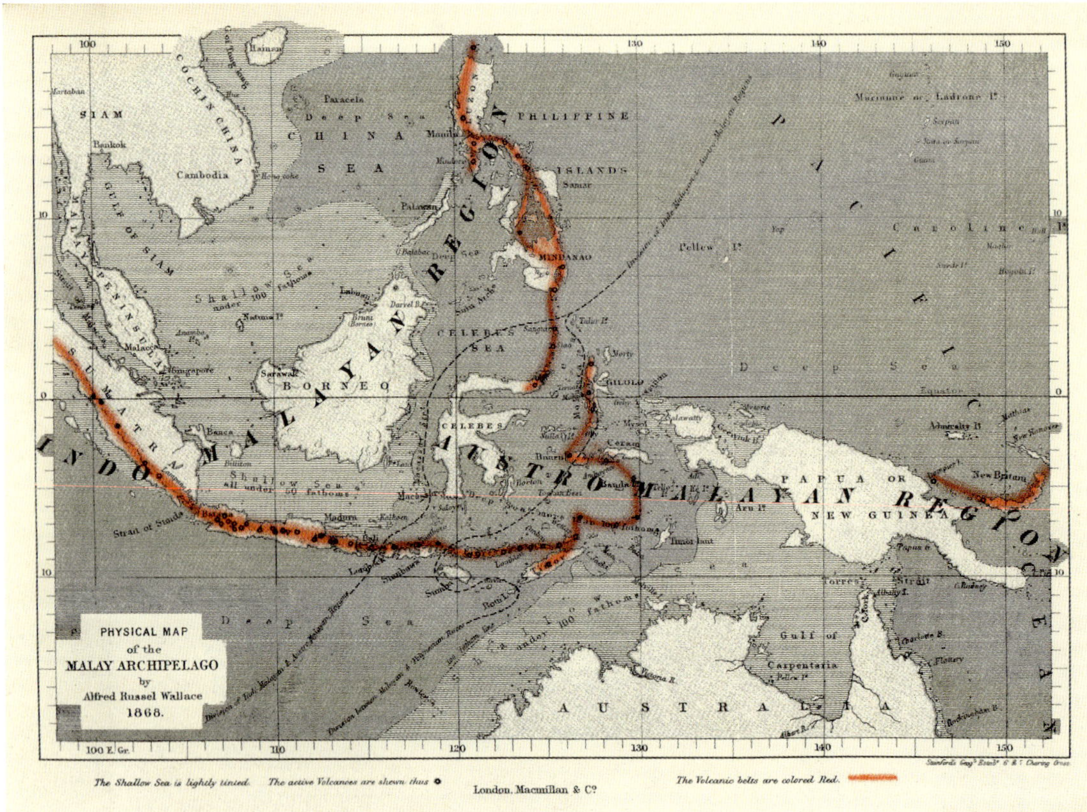

Wallaces Karte der »Malayan Region« von 1865. Die dünne Linie, die zwischen Bali und Lombok schräg von links nach rechts führt, wurde später als Wallace-Linie bekannt. Sie bildet die biogeografische Grenze zwischen den Faunen Asiens und Australiens.

Wallaces Bedeutung beruht aber nicht nur auf diesem einen Essay. Weil es ihm so wichtig war, das Vorkommen von Tieren exakt zu lokalisieren, gilt er als Vater der Biogeografie, die sich mit der gemeinsamen Entwicklung der Erde und ihrer Lebewesen beschäftigt. Nach der Rückkehr aus Asien konzentrierte sich Wallace auf das Schreiben. Sein Werk *The Malay Archipelago* fasziniert Naturforscher noch heute, ebenso wie seine Beobachtungen und Überlegungen über die Verbreitung von Tieren. Heute hilft uns die Biogeografie dabei, die Evolution zu verstehen, und sie wird zunehmend genutzt, um angesichts der Bedrohung durch Umweltveränderungen die Artenvielfalt zu schützen. Wallaces Aussage »Keine dieser Fragen lässt sich zufriedenstellend beantworten, solange wir nicht die Verbreitung der zahlreichen Arten exakt bestimmt haben« gilt heute ebenso wie vor 150 Jahren.

In den letzten Jahren seines Lebens war Wallace nicht angestellt, erhielt aber (auf Betreiben Darwins) eine staatliche Pension. Er schrieb zahlreiche Bücher zu unterschiedlichsten Themen, von Insel-Biogeografie bis zur Stellung des Menschen im Universum. Er prägte den Begriff Darwinismus, und als Darwin mit seinem Werk *Über die Entstehung der Arten* berühmt wurde, war er nicht etwa neidisch, sondern zeigte sich als glühender Verfechter seiner Theorie. Er wetterte gegen die gedankenlose Zerstörung der Natur in den britischen Kolonien und setzte sich für Naturschutzgebiete in den tropischen Wäldern ein. Mit seinem Engagement für so vielfältige Themen verärgerte er Thomas Henry Huxley und einige andere. Später erklärte er, der Mensch unterscheide sich von allen anderen Lebewesen. Damit widersprach er Darwin, der ihm schrieb: »Ich hoffe, du hast dein und mein Kind nicht getötet«. Diese neue Sicht auf die Natur und die menschliche Gesellschaft beruht wohl auf seinem ausgeprägten Sozialbewusstsein, das er viele Jahre zuvor in seiner Londoner Zeit entwickelt hatte. Auch seine Erlebnisse und Beobachtungen in den Tropen haben seine Meinung über die Rolle des Menschen in Natur und Gesellschaft beeinflusst. Für Wallace existierte die Natur für den Menschen, entweder zur konkreten Nutzung oder als komplexes Geflecht, das durch die Evolution entstanden war, und dessen Krönung der Mensch war. Kein anderer Wissenschaftler seiner Zeit vertrat diesen Standpunkt.

Viele von Wallaces Ideen sind noch heute relevant – die Bedeutung der Biogeografie, das Wesen des Wandels, die Schädigung von Natur und Gesellschaft durch den Menschen. Man liest häufiger, er sei seiner Zeit voraus gewesen. Aber er war weder ein Prophet noch stand er im Widerspruch zum damaligen Zeitgeist. Bahnbrechend war allerdings sein Beitrag zur Naturwissenschaft durch seine Sammlungen und seine Überlegungen zur Biogeografie und zur Entwicklung der Arten. Ohne Wallace hätte die Wissenschaft vielleicht einen anderen Weg eingeschlagen. Manche seiner späten Ideen scheinen überholt, aber viele entsprechen Zielen, die noch heute weltweit gültig sind: Verringerung der Armut, Bildung für alle, Rechte für Frauen und Schutz der Umwelt. All das beginnt mit einer Wissenschaft, die sich – wie Wallace – auf die Natur konzentriert.

MAXWELL BARCLAY

HENRY WALTER BATES

Erforscher der Mimikry

Im Jahre 1859 erschien Darwins Werk *Über die Entstehung der Arten durch Naturauslese,* fraglos eines der wichtigsten Ereignisse in der Geschichte der Biologie, das grundlegende und anhaltende Veränderungen im Denken und der Gesellschaft nach sich zog. Im gleichen Jahr beschrieb der ebenfalls bekannte Evolutionstheoretiker Alfred Russel Wallace mit großer Begeisterung den riesigen Schmetterling *Ornithoptera croesus,* der später auch Wallace's Golden Birdwing genannt wurde und von den Gewürzinseln (heute Indonesien) stammte. Damals beschäftigten ihn neue Denkkonzepte wie Biogeografie und natürliche Auslese. Ebenfalls 1859 kehrte Henry Walter Bates, eine weitere Schlüsselfigur in der Geschichte der Biologie, von einer elfjährigen Forschungsreise durch den Amazonasurwald zurück und brachte Tausende von Proben mit. Er selbst schätzte die Anzahl auf 14 700, davon mehr als die Hälfte neue, noch nicht beschriebene Arten, die in den Museen Europas nicht zu sehen waren. Außerdem brachte er mehrere Notizbücher mit zahlreichen Zeichnungen mit. Er veröffentlichte seine Ideen und Überlegungen in zahlreichen wissenschaftlichen Schriften und seinem Buch *The Naturalist on the River Amazons* (1863) und stützte damit die neue Evolutionstheorie.

Zahlreiche Forscher und Entdecker reisten um die Mitte des 19. Jahrhunderts durch die Welt, manchmal im Gleichschritt mit der Vergrößerung des Britischen

Schmetterlinge des Amazonasgebiets, Aquarell von Henry Walter Bates. Zu Bates' Zeit war die Farbfotografie noch nicht erfunden. Er illustrierte die meisten seiner wissenschaftlichen Veröffentlichungen mit eigenen Bildern und Zeichnungen.

150
Nymphidiinae
G Aricoris ? 2 - females

Bates wurde 1864 Zweiter Sekretär der Royal Geographical Society. Seine angegriffene Gesundheit führte Wallace auf die »Mühsal des Bürolebens« zurück. Wahrscheinlicher ist aber, dass elf anstrengende Jahre im Amazonasgebiet die Ursache waren.

Empire. Einige, darunter Bates und Wallace, wagten sich über dessen Grenzen hinaus. Die Zeit, in der Naturwissenschaft Menschen mit viel Geld und freier Zeit vorbehalten war, ging in England allmählich zu Ende. Damit öffneten sich für Personen wie Richard Owen, Mary Anning, Thomas Huxley, Bates und Wallace, die im Gegensatz zu Vorläufern wie Banks und Sloane weder Wohlstand noch Privilegien besaßen, neue Türen. Bates wurde 1825 als Sohn eines Strickwarenhändlers aus Leicestershire geboren. Er verließ die Schule mit 13 Jahren und ging in die Lehre, um später in den Betrieb seines Vaters einzutreten. Mit Anfang 20 lernte er den gleichgesinnten Wallace, der damals als Lehrer arbeitete, in der örtlichen Bibliothek kennen. Die beiden Männer lasen gern und sammelten mit Begeisterung Käfer. Darwins Bericht über seine Reise mit der *Beagle* brachte sie auf die Idee, nach Brasilien zu reisen, um das Amazonasgebiet zu erforschen. Damals waren sie 23 und 25 Jahre alt und niemand ahnte, dass sie beide mit ihren Sammlungen und Reiseberichten das Wissen der Menschheit über die Natur enorm bereichern würden. Um die Reise zu finanzieren, beauftragten sie das damals bekannte Auktionshaus Stevens mit dem Verkauf ihrer Funde. Außerdem wollten sie Reiseberichte veröffentlichen, denn im viktorianischen England standen exotische Themen hoch im Kurs.

Heute können wir uns kaum vorstellen, was es in den 1840er-Jahren bedeutete, eine solche Reise zu wagen. Wir verfügen über viel bessere Transport- und Kommunikationsmöglichkeiten, außerdem wissen wir mehr über tropische Krankheiten, ihre Übertragung, Vorbeugung und Behandlung. Selbst durch die Zerstörung von

Lebensräumen, die der »Fortschritt der Zivilisation« in 150 Jahren mit sich gebracht hat, haben sich Gefahren verringert. Durch moderne technische Hilfsmittel wie tragbare Insektenfallen oder Generatoren und ultraviolettes Licht zum Anlocken von nachtaktiven Insekten können Forscher heute in kurzer Zeit Tausende von Exemplaren fangen. Darum dauern Forschungsreisen heute meist weniger als einen Monat. Nach der Ankunft in Brasilien 1848 gingen Bates und Wallace bald getrennter Wege, blieben aber lebenslang befreundet. Als Wallace vier Jahre später mit der Brigantine *Helen* zurück nach England reiste, fing das Schiff Feuer, aber er überlebte das Unglück. Allerdings musste er aus dem Rettungsboot zusehen, wie seine Sammlungen und Aufzeichnungen, also die Früchte von vier Jahren harter Arbeit, im Ozean versanken. Bates blieb bis 1859 in Brasilien und schickte seine Sammlungen in zahlreichen kleinen Lieferungen zurück, um einen Totalverlust zu vermeiden.

Während der elf Jahre am Amazonas dokumentierte Bates in Notizbüchern die Tiere und Pflanzen, die er sah und sammelte. Viele der Tierpräparate befinden sich heute in den Sammlungen des Natural History Museum, London.

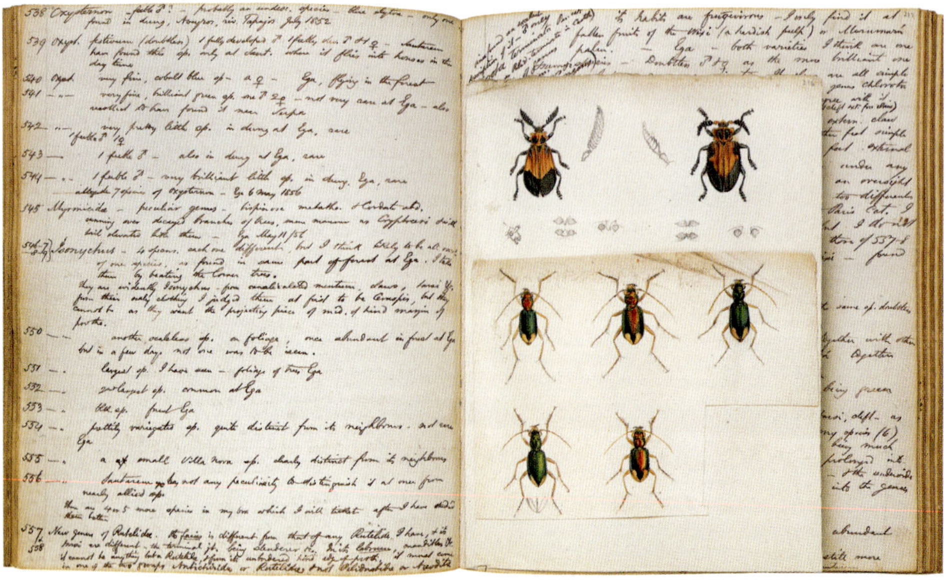

Diese Seiten aus Bates' Notizbüchern vom Amazonas zeigen detailreiche Zeichnungen und Beschreibungen von Sandlaufkäfern (Carabidae: Cicindelinae) und Bockkäfern (Cerambycidae), für die er sich besonders interessierte.

Elf Jahre lang war Bates meist allein im tropischen Regenwald unterwegs, mit Zelt und Kleidung aus gewachster Baumwolle, tragbaren Petroleumlampen, Federn und Tusche, aber ohne Elektrizität, Impfungen oder Medikamente gegen Malaria. Er infizierte sich mit Malaria und Gelbfieber, und seine Gesundheit blieb bis zu seinem Lebensende geschwächt. Trotzdem sammelte er unermüdlich und dokumentierte seine Funde und die Häufigkeit ihres Vorkommens genau. Er lebte äußerst bescheiden, reiste auf Wasserwegen und schrieb unterwegs seine Notizen nieder. Wann immer es möglich war, schickte er neben Proben auch Manuskripte und wissenschaftliche Notizen an Stevens, die dieser in seinem Auftrag an Fachzeitschriften weitergab. Stevens schickte ihm nicht nur Geld, sondern auch wissenschaftliche Schriften, um ihn über die schnellen Umwälzungen der akademischen Welt auf dem Laufenden zu halten. Da Bates keinen anderen Lesestoff hatte, verschlang er alles, sogar die Werbung, bis die Zeitschriften in Fetzen gingen. Die Aufbewahrung ist im feuchten Tropenklima grundsätzlich schwierig, aber Bates hatte obendrein Mühe, seine Sammlungen vor Ungeziefer zu schützen. Ameisen waren das größte Problem. Er hängte seine Sammlungen – vor allem Vögel – schließlich mit speziell behandelten Schnüren, damit sie nicht über Nacht abgefressen wurden, am Zeltdach auf.

Obwohl sich Bates hauptsächlich für Insekten interessierte, sammelte er Tiere aller Art. Er engagierte einheimische Helfer, und bald wussten die Bewohner der Orte, durch die er reiste, dass er »bichos« kaufte: Insekten, Spinnen, Skorpione und sogar einige Kaimane, die er in Alkohol konservierte und an Stevens sandte. Er freundete sich mit einheimischen Jägern an, die sich mit der Tierwelt ihrer Wälder gut auskannten, aber erstaunt und amüsiert waren, als Bates ihnen Bilder afrikanischer und australischer Tiere zeigte. Weil Bates so lange und oft allein im Urwald unterwegs war, konnte er Beobachtungen anstellen, die in dieser Intensität heute kaum mehr möglich wären. Er lernte die Sprachen und Gebräuche vieler einheimischer Völker, von denen einige damals schon dezimiert waren und heute nicht mehr existieren. Neben Vögeln und Insekten, die ihn besonders interessieren, studierte er auch die Wälder. Hier entdeckte er auch das Phänomen, durch das er weltbekannt wurde und das seinen Namen trägt: die Bates'sche Mimikry.

Schon früh beobachtete er, dass einige farbenfrohe Schmetterlinge der Gattung *Heliconius* (damalige Bezeichnung) im Vergleich zu anderen Arten langsam flogen und auffällig aussahen, aber auffallend selten von Vögeln oder anderen Insekten fressenden Tieren gejagt wurden. Nach einigen Experimenten folgerte er, dass sie giftige oder unangenehm schmeckende Stoffe absonderten, sodass Jäger nach einer oder zwei schlechten Erfahrungen lernten, ein bestimmtes Farbschema oder Muster zu meiden. Außerdem beobachtete er Schmetterlinge, die anderen Gattungen oder Familien angehörten, aber ein ähnliches Muster trugen wie die toxischen und oft auch in deren Nähe flogen, selbst aber offenbar nicht giftig waren. Daraus schloss er, dass diesen »Nachahmern« die Ähnlichkeit zum Muster ihrer »Vorbilder« einen gewissen Schutz bot. Seine Theorie lautete, dass ein harmloser Schmetterling, dessen Zeichnung und Färbung der einer giftigen Art nur annähernd ähnelte, seltener gefressen wurde und dadurch bessere Chancen hatte, zu überleben und sich fortzupflanzen. Das konnte über Hunderte Generationen dazu führen, dass die harmlose Art von der giftigen kaum noch zu unterscheiden war. Um sicherzugehen, müssten Forscher beide Arten fangen und untersuchen – und genau das tat Bates, nachdem ihm das Phänomen aufgefallen war.

Das Prinzip der Mimikry ist nur im Kontext der Theorien von Darwin und Wallace über die Evolution durch natürliche Auslese zu erklären. Mit der Entdeckung der Mimikry lieferte Bates ein hervorragendes Beispiel, das dieses Ausleseprinzip bewies. Darwins gerade veröffentlichte *Entstehung der Arten* lieferte Bates die nötige Grundlage zur Interpretation seiner Beobachtungen. Die erstmals von Bates beschriebene und nach ihm benannte Art der Mimikry wurde inzwischen weltweit bei verschiedenen Tierarten entdeckt, von heimischen Schwebfliegen, die wie Wespen aussehen, bis zu amerikanischen Königsnattern, die giftigen Korallenottern ähneln.

Bates verließ das Amazonasgebiet mit leisem Bedauern: »Ich verließ das Land ewigen Sommers, um wieder im tristen Grau [des britischen Wetters] zu leben«. Er heiratete 1863 und veröffentlichte im gleichen Jahr *The Naturalist on the River Amazons*, das Darwin als »bestes je in England erschienenes Buch über eine Forschungsreise« lobte. 1864 wurde er Zweiter Sekretär der Royal Geographical Society und behielt diese Stellung bis zu seinem Lebensende.

Durch diese Position hatte er engeren Kontakt mit der Wissenschaftsszene, und sicherlich war die Royal Geographical Society angetan, einen so bekannten Forschungsreisenden in ihren Reihen zu haben. Der unverblümte Wallace meinte allerdings, die »Mühsal« der Bürotätigkeit würde wohl »ein wertvolles Leben verkürzen«. Bates veröffentlichte jedoch zahlreiche entomologische Schriften und war häufiger Gast in den Insektenausstellungen des Britischen Museums. Die Kuratoren bezeichnete er in einem Brief aber als »Hornissennest«, weil sie seine Schätzung über die Anzahl von ihm entdeckter neuer Arten nicht glauben wollten. Er konzentrierte sich wieder stärker auf Käfer, die ihn schon als Kind fasziniert hatten. Da

Eine Tafel aus Bates' Schrift *Contributions to an insect fauna of the Amazon valley* (*Lepidoptera: Heliconidae*) aus dem Jahr 1861 zeigt die Ähnlichkeiten zwischen giftigen »models« (Reihe 2 und 4) und harmlosen »mimics« (Reihe 1 und 3) bei Amazonas-Schmetterlingen.

die Artenvielfalt so groß war, wollte er sich spezialisieren, um sich einen Namen zu machen. Seinem Freund Grant Allen erklärte er, als junger Mann habe er Naturforscher werden wollen. Als er sah, dass die Zeit der Naturforscher vorbei war, habe er sich der Entomologie zugewandt. Doch weil auch die Tage der Entomologen gezählt seien, habe er sich mit den Coleoptera (Käfern) beschäftigt. Da aber kein Mensch *alle* Coleoptera erforschen kann, sei er schon zufrieden, etwas über die Bockkäfer in Erfahrung zu bringen. Die Schilderung darüber, wie ein Wissenschaftler immer mehr über immer weniger lernt, darf man nicht ganz ernst nehmen. Bates verfolgte immer breit gefächerte Interessen, und die Bockkäfer (vor allem die Familie Cerambycidae), auf die er sich spezialisierte, sind keineswegs eine belanglose Gruppe.

Schublade aus den Sammlungen des Natural History Museum in London mit Schmetterlingen der Gattung *Asterope*. Die Art *Asterope batesii* wurde 1850 nach Bates benannt. Damals befand er sich noch in Brasilien.

Heute kennt man über 30 000 Arten, die weltweit verbreitet sind, und Bates hat zu ihrer Erforschung einen wichtigen Beitrag geleistet. Als er sich den Käfern zuwandte, verkaufte er seine private Sammlung brasilianischer Schmetterlinge an Frederick Godman und Osbert Salvin. Von ihnen stammt das bekannte mehrbändige Werk *Biologia Centrali-Americana*, für das Bates die hervorragenden Kapitel über Bockkäfer verfasste. Heute befinden sich diese Schmetterlinge und die in der *Biologia* genannten Bockkäfer im Natural History Museum, London.

Diese Sammlungen dürften Bates' bedeutendster und langlebigster Beitrag sein. Seine Arbeit und die sorgfältige Präparation haben sich ausgezahlt. Seine Schätzung, über 8000 neue Arten gefunden zu haben, war vielleicht nicht so übertrieben, wie die Kuratoren damals annahmen. Heute ist er weniger bekannt als beispielsweise Charles Darwin oder Alfred Russel Wallace, aber in der Sammlung des Natural History Museum befinden sich mehr Arten, die nach ihm benannt sind. Das zeugt auch von der großen Wertschätzung seiner Kollegen. Er starb 1892 und wurde auf dem Friedhof von East Finchley in London bestattet. Die von ihm gesammelten Tiere sind größtenteils noch hervorragend erhalten und geben heutigen Wissenschaftlern Einblicke in die Natur der brasilianischen Regenwäldern, die vor 150 Jahren – bevor die Menschen eingriffen – noch intakt war. Sie sind das dauerhafte Erbe eines unerschrockenen Entdeckers und unermüdlichen Naturforschers.

MARY SPENCER JONES

CHARLES WYVILLE THOMSON

Entdecker der Unterwasserwelt

Es ist ein interessanter Gedanke, dass die Erfindung der elektrischen Telegrafie den Ausschlag für bedeutende Forschungsreisen gab. Nachdem der Grund des Nordatlantik kartografiert und in über 4000 m Tiefe ein Transatlantikkabel verlegt worden war, galt der Meeresgrund nicht mehr als unerreichbar. Und als am 8. Juli 1866 ein kommerzielles Telegrafenkabel quer durch den Atlantik in Betrieb genommen wurde, keimten auch Ideen auf, die Tiefsee wissenschaftlich zu erforschen.

Schon 1843 hatte der britische Forscher Edward Forbes seine »azoische Hypothese« aufgestellt. Er ging davon aus, dass die Artenvielfalt im Meer mit zunehmender Tiefe rasch abnahm und vermutete, dass unterhalb von etwa 500 m (300 Faden) kein Leben existierte. Diese Theorie konnte sich halten, bis 1868 der norwegische Theologe und Biologe Michael Sars mit Kollegen Berichte über Schleppnetzfänge aus den norwegischen Fjorden veröffentlichte. Sie beschrieben darin verschiedene Lebewesen aus Tiefen von bis zu 820 m (450 Faden), darunter den gestielten Crinoiden *Rhizocrinus lofotensis*, der in 549 m Tiefe vor den Lofoten gefunden worden war. Der britische Naturforscher Charles Wyville Thomson reiste nach Norwegen, um das Material in Augenschein zu nehmen, und begann, eigene Forschungen zu planen.

Stockbildende Staatsquallen, *Alophota giltschiana* und *Arethusa challengeri*, aus Ernst Haeckels *Challenger Report* von 1888. Schon 1886 hatte Haeckel Zeichnungen nach lebenden Exemplaren von den Kanarischen Inseln gefertigt.

el. and A. Giltsch Del. Jena Lithog.

ALOPHOTA GILTSCHIANA.

Sir Charles Wyville Thomson gilt als Mitbegründer der modernen Ozeanografie.

Charles Wyville Thomson wurde am 5. März 1830 in Bonsyde House im schottischen Linlithgow geboren. Seine Eltern waren Andrew Thomson, Arzt bei der Ostindien-Kompanie, und dessen Ehefrau Sarah Ann Drummond Smith. Charles wurde auf den Namen Wyville Thomas Charles Thomson getauft, vermutlich nach Dr. Wyville Smith, seinem Großvater mütterlicherseits. Er hörte aber sein Leben lang auf den Rufnamen Charles. Nach dem Besuch der Merchiston Castle School in Edinburgh begann er 1845 an der dortigen Universität ein Medizinstudium.

Wie sein Mentor Robert Jameson und Charles Darwin, der ebenfalls in Edinburgh studiert hatte, kehrte Thomson nach Abschluss des Studiums der Medizin den Rücken und konzentrierte sich auf die Naturforschung.

1850 trat Thomson eine Stelle als Dozent für Botanik am King's College in Aberdeen an, später lehrte er Naturgeschichte am Queen's College in Cork. Am 3. Januar 1854 heiratete er in Linlithgow Jane Ramage Dawson. Wenig später zog das Paar nach Belfast, weil Thomson als Professor für Mineralogie und Geologie ans dortige Queen's College berufen worden war. 1852 wurde er Professor für Naturgeschichte, und 1868 Professor für Botanik am Royal College of Science in Dublin. Am 3. Juni 1869 wurde er trotz Widerspruchs zusammen mit Charles Lyell, Thomas Huxley, Joseph Hooker und John Edward Gray in die Royal Society of London aufgenommen. 1870 erhielt er schließlich den Lehrstuhl für Naturgeschichte an der University of Edinburgh, den er bis zu seinem Tod im Jahr 1882 behielt.

Wie viele Naturforscher des viktorianischen Zeitalters hatte Thomson breit gefächerte Interessen. Er publizierte hauptsächlich über Wirbellose, beispielsweise Stämme wie Echinodermata (Stachelhäuter), Coelenterata (Hohltiere), Bryozioa (Moostierchen) und Schwämme, hauptsächlich aber über die alte Gruppe der Crinoiden

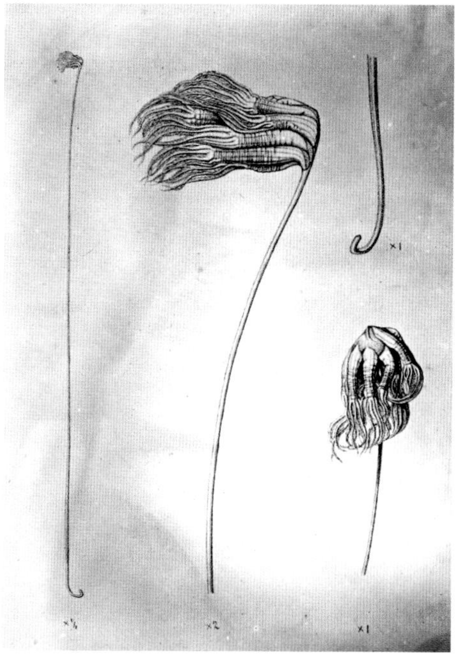

Umbellula thomsoni aus der Klasse der Anthozoa (Blumentiere) wurde in 2125 Faden Tiefe gefunden und von dem Schweizer Naturforscher Albert von Koelliker nach Thomson benannt.

oder »Seelilien«. Von 1868 bis 1870 fanden jährlich unter der Leitung von Dr. William Benjamin Carpenter Schleppfahrten um die britischen Inseln und im Mittelmeer statt, Thomson war 1868 und 1869 mit an Bord. Diese Fahrten mit den Schiffen HMS *Lightning* und HMS *Porcupine* wurden von der Royal Society und der Admiralität unterstützt. Sie bewiesen, dass es in der »azoischen Zone« vielfältige Lebensformen gab.

1873 veröffentlichte Thomson sein Buch *The Depths of the Sea*, mit dem er seine ersten Erkenntnisse einem breiten Publikum vermitteln wollte. Im Vorwort erklärte er, dass »ein populärwissenschaftlicher Abriss der bemerkenswerten Ergebnisse das allgemeine Interesse wecken und diejenigen, die über Neigung und Möglichkeiten verfügen, veranlassen kann, sich eingehender mit diesem neuen und eigentümlichen Gebiet zu beschäftigen, dessen Grenzen wir als einige unter den ersten überschreiten durften«. Die Reise führte zu neuen Theorien über Meeresströmungen und Temperatur sowie zur Entdeckung von über 60 neuen Arten aus Tiefen bis zu 3659 m (2000 Faden). Die Admiralität war beeindruckt, und Carpenter schlug eine umfangreichere, längere Forschungsreise vor – eine Umrundung der Erde, um die Weltmeere zu erforschen.

Da man Carpenter für zu alt hielt, wurde Thomson zum leitenden Wissenschaftler berufen und von seiner Universität dafür freigestellt. Er holte vier weitere zivile Wissenschaftler in sein Team: den Ozeanografen John Murray, den Chemiker und Arzt John Young Buchanan sowie die Naturforscher Henry Nottidge Moseley und Rudolf von Willemoes-Suhm. Sie sollten helfen, Proben zu sammeln, um die vier von der Royal Society vorgegebenen wissenschaftlichen Ziele zu erreichen: Erstens galt es, die physikalischen Bedingungen der Tiefsee in den großen Ozeanbecken zu untersuchen, zweitens die chemische Zusammensetzung des Meerwassers in verschiedenen Tiefen, drittens die physikalischen und chemischen Eigenschaften von Ablagerungen sowie deren Ursprung und viertens die Verbreitung von Lebewesen in verschiedenen Tiefen und auf dem Grund.

Nach der Abfahrt von Sheerness am 7. Dezember 1872 stach die HMS *Challenger* am 21. Dezember von Portsmouth in See. An Bord waren 23 Offiziere, fünf Wissenschaftler und eine Besatzung von 243 Mann. Das 69 m lange Vollschiff mit Hilfsmaschine unterstand zunächst dem Kommando des erfahrenen Kapitäns George Strong Nares, der schon für Carpenter gefahren war. Das Schiff war für die Reise umgebaut worden, um Platz für Laboratorien, zusätzliche Kabinen, wissenschaftliches Gerät und große Mengen Tauwerk zu schaffen. Normalerweise fuhr das Schiff unter Segeln, nur bei der Arbeit mit Netzen kam die Dampfmaschine zum Einsatz.

Das Schiff überquerte den Atlantik mehrmals. Es segelte von den Kanarischen Inseln in die Karibik, dann an der amerikanischen Küste nordwärts nach Neuschottland und wieder zurück zu den Azoren und nach Madeira. Von dort segelte die *Challenger* nach Süden, vorbei an Kap Verde und den Sankt-Peter-und-Sankt-Pauls-Felsen zur brasilianischen Küste. Auf der Rückreise über den Südatlantik passierte es Tristan da Cunha und erreichte Südafrika Ende Oktober 1873. Dort wurde Proviant an Bord genommen, bevor die *Challenger* auf südlichem Kurs die Crozetinseln und den Kerguelen-Archipel passierte und das Packeis jenseits des Polarkreises erreichte. Kapitän Nares fand es riskant, mit einem gewöhnlichen Schiff weiter in antarktische Gewässer vorzudringen und nahm Kurs nach Norden Richtung Australien und Neuseeland. Im Juni passierte das Schiff die Tongainseln und segelte im Mai 1875 nach Japan. Weiter ging es zum südlichen Wendekreis, dann ostwärts nach Chile. Am 20. Januar 1876 durchquerte das Schiff die Magellanstraße. In Uruguay wurde nochmals Proviant aufgenommen, dann folgte die letzte Atlantiküberquerung zu den Kanarischen Inseln und schließlich nach England.

Am 24. Mai 1876 erreichte die HMS *Challenger* Spithead in der Meerenge Solent. Auf der 713 Tage langen Reise hatte das Schiff 68 890 Seemeilen (127 580 km) zurückgelegt. An 362 Standorten waren Forschungsarbeiten durchgeführt worden. Am Ende der Reise waren nur noch 144 Mann an Bord. Die übrigen waren verstorben, desertiert oder hatten andere Pflichten übernommen.

Als die *Challenger* am 17. November 1874 in Hongkong angelegt hatte, wurden Kapitän Nares und Leutnant Aldrich abberufen. Sie sollten an der British Arctic Expedition (1875–1876) teilnehmen. Thomson zufolge war dies ein »schwerer Schlag

Wilds' Zeichnung der HMS *Challenger* an den Sankt-Peter-und-Sankt-Pauls-Felsen, die zum mittelatlantischen Rücken zwischen Brasilien und Südafrika gehören.

für die *Challenger*«, denn Mannschaft und Forscher hatten den Kapitän sehr geschätzt. Am 11. Dezember 1874 übernahm Kapitän Frank Tourle Thomson das Kommando. Er hatte keine Erfahrung mit Forschungsreisen, nahm aber Vorschläge von Thomson und seinen Kollegen bereitwillig an. Auf der Reise von Hawaii nach Tahiti erkrankte der Forscher Rudolf von Willemoes-Suhm an Erysipel (einer Streptokokkeninfektion der Haut) und starb auf See am 13. September 1875. Thomson war offenbar sehr betroffen und äußerte, dies sei ein schwerer Verlust für die Expedition und die Wissenschaft. »Natürlich war die Stimmung nach dem traurigen Ereignis gedrückt«. Sechs weitere Expeditionsteilnehmer starben während der Reise. 28 Mannschaftsmitglieder gingen in verschiedenen Häfen von Bord, weil sie befördert wurden oder krank waren, einige andere desertierten.

Die zahllosen Daten und Proben wurden meist katalogisiert und nach England geschickt, wenn das Schiff im Hafen lag. Etwa 492 Tiefenmessungen und 263

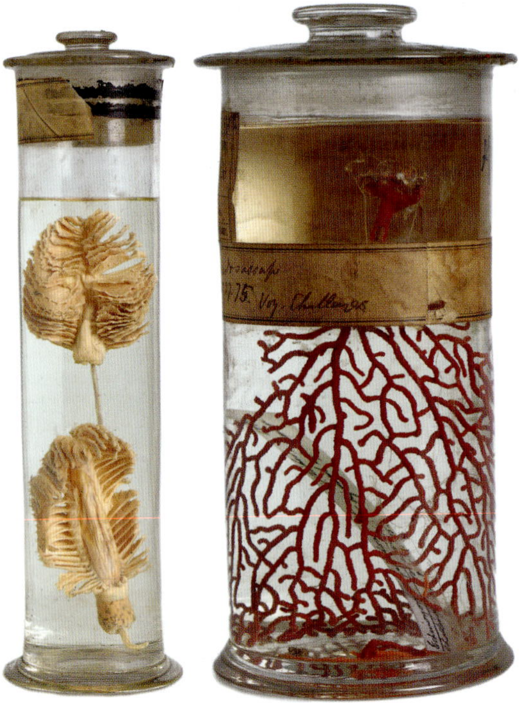

Tausende von Proben wurden gesammelt, konserviert und später an Experten geschickt, die sie identifizierten.

Temperatur-Messreihen wurden durchgeführt, 133 Bodenproben genommen, 151 Schleppproben aus offenem Wasser. Es wurde nachgewiesen, dass auch in Tiefen von 5700 m (3117 Faden) verwertbare Proben zu gewinnen waren. Zur Anerkennung seiner Leistungen erhielt Thomson zahlreiche wissenschaftliche Belobigungen und den Ritterschlag. Er kehrte nach Edinburgh zurück und nahm seine Tätigkeit an der Universität wieder auf.

Trotz erheblichen Widerstands, vor allem vom Britischen Museum, gründete und leitete Thomson in Edinburgh ein Expeditionsbüro. Von dort wurden die verschiedenen Proben an anerkannte Experten für Taxonomie geschickt, die dann Texte zur Veröffentlichung in den offiziellen Berichten verfassten. Da Thompson aus früherer Erfahrung mit *The Depths of the Sea* (1877) Erfahrungen mit dem breiteren Publikum hatte, veröffentlichte er einen zweibändigen vorläufigen Expeditionsbericht unter dem Titel *The Voyage of the Challenger: the Atlantic*, der bei der Presse großen Anklang fand. Im Vorwort zum ersten Band lobte Thomson die Unterstützung, Geduld und Nachsicht der Offiziere der *Challenger* bei den Forschungsaktivitäten und spielte auch die Unordnung an, die dadurch an Deck entstand. Ein Dankwort ging auch an »meine Freunde, die Blaujacken. Ihnen ist hoch anzurechnen, dass sie uns Zivilisten ebenso höflich und respektvoll behandelten wie ihre Offiziere«. Er beschließt das Vorwort mit der vielsagenden Anmerkung, sein Bericht könnte »unnatürlich rosig« erscheinen und erklärte: »Natürlich hat die Medaille zwei Seiten. Die Arbeit war manchmal eine Schinderei und mit anhaltenden, schweren körperlichen und seelischen Belastungen verbunden, die an jedem von uns Spuren hinterlassen haben«.

Drei Jahre später wurde die *Introduction to the Zoological Reports* veröffentlicht, fand aber keinen einhelligen Anklang. In einem Brief an den Herausgeber der am 11. November veröffentlichten *Nature* äußerte Charles Darwin seinen Ärger über einen Satz, den Thomson über die Evolution der Tiefseefauna geschrieben hatte. »Ich stelle mit Bedauern fest, dass Sir Wyville Thomson das Prinzip der natürlichen Auslese, wie Mr. Wallace und ich es dargelegt haben, nicht verstanden hat«.

Angesichts der Tatsache, dass Thomson lebenslang an Nervosität und fragiler Gesundheit litt, ist seine Leistung umso erstaunlicher. 1879 legte er seine akademischen Pflichten an der Universität von Edinburgh nieder. Die Verantwortung für die *Challenger Reports* hatte er schon 1881 an John Murray übertragen. Herausgegeben wurden die 50 wissenschaftlichen Bände weitgehend von Murray, Thomson wurde jedoch genannt. Der letzte Band erschien 1895. Als sich sein Gesundheitszustand verschlechterte, zog sich Thomson nach Bonsyde House zurück, um angeblich »das Bett zu hüten«. Er starb am 10. März 1882. Seine Frau Jane und ihr einziger Sohn Frank Wyville Thomson überlebten ihn. Er wurde in der Pfarrkirche St. Michael in Linlithgow beigesetzt.

Die Daten und Proben, die Thomson und seine Mitreisenden auf der HMS *Challenger* gesammelt haben, sowie jene der HMS *Lightning* und HMS *Porcupine*, haben heute neue Bedeutung gewonnen. Angesichts von Problemen wie der Übersäuerung der Meere ziehen heutige Forscher die Ergebnisse von Wyville Thomson und seinen Kollegen heran, um neue Fragen zu untersuchen. Auf der Reise der *Challenger* wurden über 4700 neue Arten gesammelt. Einige davon sind bis heute kein zweites Mal gefunden worden.

1895 beschrieb Thomsons Assistent John Murray, der die Veröffentlichung der *Challenger Reports* betreut hatte, ihre Entdeckungen als »größten Fortschritt im Wissen über unseren Planeten seit den berühmten Entdeckungen des 15. und 16. Jahrhunderts«. In diesem Sinn ist es nur angemessen, dass der Wyville-Thomas Rücken zwischen den Farøern und Schottland zu Ehren des Meeresforschers benannt wurde. Hier stellte er 1873 die These auf, dass man anhand von Temperaturunterschieden in verschiedenen Tiefen auf Meeresströmungen schließen kann. Obwohl wir heute viel mehr über die Meere wissen und uns moderne technische Hilfsmittel zur Verfügung stehen, ist die Tiefsee noch immer weitgehend unerforscht.

BLANCA HUERTAS

MARGARET ELIZABETH FOUNTAINE

Schmetterlingssammlerin mit freiem Geist

Seit Jahrhunderten bereisen Naturforscher unbekannte Länder und entdecken Neues. Unter ihnen war auch eine außergewöhnliche Frau, die im viktorianischen Zeitalter durch die Welt reiste, um Schmetterlinge zu finden. Bis vor relativ kurzer Zeit wusste man nicht viel über sie. Margaret Elizabeth Fountaine wurde 1862 in der englischen Stadt Norwich geboren. Damals hatten Frauen eine klar definierte Rolle, in der nicht vorgesehen war, naturwissenschaftliche Fähigkeiten zu fördern. Trotz dieser Einschränkungen gelang es Margaret Fountaine, sich als abenteuerlustige Reisende, Schmetterlingsexpertin, Autorin und begabte Illustratorin und darüber hinaus als Frau einen Namen zu machen.

Als ihr Vater Reverend John Fountaine starb und Margaret Elizabeth mit 16 Jahren das Elternhaus verließ, begann sie, Tagebücher zu schreiben. Diese Bücher, die sie in sauberer Handschrift von 1878 bis wenige Monate vor ihrem Tod im Jahr 1939 führte, berichten von ihrem Werdegang als Lepidopterologin (Schmetterlingsforscherin), aber auch von Schwierigkeiten, die ihr nicht rollenkonformes Leben mit sich brachte. Die Lebenserinnerungen der bemerkenswerten Frau füllen beachtliche zwölf Bände und haben einen Umfang von mehr als einer Million Wörter. Diese Bücher bestehen nicht aus täglichen Einträgen, sondern aus Jahresberichten.

Einige der Schmetterlinge aus der Sammlung von Margaret Fountaine, die sich heute im Castle Museum in Norwich befinden.

CATAGRAMMA.
ADELPHA.
SIDERONE.
Lara.
ANAEA.
HAEMATERA.
Marthesia.

Eine Seite aus dem Tagebuch von Margaret Fountaine mit einem gepressten Geißblatt.

Eigenartigerweise umfassten sie jeweils einen Zeitraum von April bis zum April des Folgejahrs. Auf ihren eigenen Wunsch hin, den sie in ihrem Testament formuliert hatte, wurden diese Tagebücher und andere Notizbücher fast 40 Jahre unter Verschluss im Norwich Castle Museum verwahrt und erst am 15. April 1978, dem hundertsten Jahrestag der ersten Tagebuchaufzeichnung, veröffentlicht.

Fountaine bezeichnete sich selbst in Anspielung auf ihre Kindheit in Norwich als »eins der South Acre-Kinder«. Ihre Familie war gut situiert, wenn auch nicht so reich wie einige entferntere Verwandte. Nach dem Tod ihres reichen Onkels Edward änderte sich das Leben der damals 27-jährigen Fountaine, denn er hinterließ der Familie ein großzügiges Erbe, von dem sie komfortabel leben konnte. Der Liebe wegen zog Margaret nach Irland. Als die Beziehung zerbrach, erweiterte sie ihren Horizont. Mit ihrer Schwester Florence, die sie auch später häufig begleitete, reiste sie in die Schweiz, nach Belgien und Frankreich. Sie hatten die Reiseführer von Thomas Cook im Gepäck, die damals sehr beliebt waren. Zu dieser Zeit war es üblich, dass Frauen auf Reisen von Anstandsdamen chaperoniert wurden. Auf diesen Sommerreisen durch verschiedene europäische Länder griff Fountaine ein Kindheitshobby wieder auf, das zur lebenslangen Passion werden sollte: Sie beobachtete und sammelte Schmetterlinge. Schon bevor sie begonnen hatte, Tagebücher zu schreiben, hatte sie begonnen, Naturbeobachtungen zu notieren und Pflanzen zu trocknen und zu pressen.

Auf ihrer nächsten Reise nach Italien stand sie in Kontakt mit anderen Insektenforschern und Botanikern und unternahm Exkursionen in abgelegene Regionen. Sie zog nach Mailand, wo sie Gesangsunterricht nahm. Nach drei Jahren erkannte sie aber, dass ihre wahre Leidenschaft dem Reisen und den Schmetterlingen galt. Vor allem das Reisen ermöglichte ihr, ein freieres und weniger strenges Leben zu führen, als sie es aus England kannte.

Aus ihren Tagebüchern geht hervor, dass sie mit 33 Jahren nach England zurückkehrte und dort Henry John Elwes kennenlernte, einen bekannten Naturforscher, der eine der größten naturkundlichen Sammlungen des Landes besaß. Elwes und dessen italienischer Kollege Bruno Gali-Valerio waren in den folgenden Jahren ihre Mentoren. Die umfangreiche Schmetterlingssammlung von Elwes, die über 11 000 Exemplare umfasst, befindet sich heute in der naturwissenschaftlichen Sammlung des Natural History Museum in London.

1895 besaß Fountaine selbst eine beeindruckende Sammlung von Schmetterlingen aus verschiedenen europäischen Ländern, die viele seltene Arten umfasste.

Margaret Fountaine in einem Wald in Asien bei der Schmetterlingsjagd mit dem Netz.

Zwei Jahre später veröffentlichte sie in der renommierten Fachzeitschrift *Entomologist* ihre ersten Artikel. Durch die Publikation von Berichten über ihre Reisen, Sammlungen und Entdeckungen erwarb sie sich in der traditionell von Männern beherrschten Entomologie Anerkennung. Gleichzeitig waren diese Artikel für sie auch ein gesellschaftlich akzeptables Mittel, um der traditionellen (Haus-)Frauenrolle zu entgehen. Fountaine wurde bald zu einer führenden Schmetterlingsforscherin und unternahm weitere Reisen in ihr Lieblingsland Italien und nach Spanien. Ihr starker Forscherdrang dürfte dabei ebenso hilfreich gewesen sein wie die zahlreichen naturkundlichen Veröffentlichungen, die vom europäischen Kontinent nach England gelangten.

Umschlag eines der Tagebücher. Die Sammlung von insgesamt zwölf Büchern blieb unter Verschluss und durfte erst 40 Jahre nach ihrem Tod veröffentlicht werden.

Auf einer Reise nach Deutschland nutzte sie die Gelegenheit, sich in Dresden die weltgrößte Schmetterlingssammlung anzuschauen, allerdings hatte deren Besitzer Dr. Otto Staudinger »nicht viel Zeit für dahergelaufene Amateurforscherinnen«. Sie ging daraufhin in Österreich und Ungarn auf die Suche nach seltenen Schmetterlingen, erweiterte ihre Sammlung und baute die guten Arbeitsbeziehungen zu anderen Entomologen weiter aus. 1898 begann der lange, traurige Leidensweg ihrer Lieblingsschwester Rachel, die an Tuberkulose erkrankt war. Die beiden Schwestern zogen gemeinsam nach Südfrankreich. Da Margaret nun weniger reiste, begann sie, Schmetterlinge zu züchten, um ihre kostbaren Sammlungen aus dem Feld zu erweitern. Diese Arbeit hat sie in vier illustrierten Notizbüchern dokumentiert. Ihre erste Reihe im neuen Jahrhundert führte Fountaine nach Griechenland, wo sich ihr später Elwes anschloss. Anschließend verfasste sie mehrere wissenschaftliche Artikel, die in der angesehenen Fachzeitschrift *Entomologist's Record* veröffentlicht wurden. Gemeinsam mit Elwes präsentierte sie ihre Entdeckungen auf einer Konferenz der Royal Entomological Society. Nach vielen Expeditionen in Europa wollte sie nun weiter nach Osten reisen. Ihre wohl bedeutendste Reise unternahm sie nach Syrien, wo sie nicht nur weitgehend unerforschte Gebiete erkundete, sondern auch Khalil Neimy kennenlernte, der ebenfalls Schmetterlinge sammelte.

Trotz ihres ausgeprägten Freiheitsdrangs hatte Fountaine ein enges Verhältnis zu ihrer Familie. Während ihrer aktiven Reisejahre kehrte sie immer wieder nach England zurück, wo sie ihre Schmetterlinge präparierte und Kontakte zu den Wissenschaftlern des Natural History Museum in London pflegte. Nachdem aber mehrere enge Angehörige verstorben waren, wurden ihre Besuche seltener und sie verlor allmählich die Bindung an ihr Herkunftsland. Zwischen 1907 und 1909 reiste Fountaine mit ihrem Partner Neimy durch das südliche und östliche Afrika (Simbabwe, Südafrika, Sansibar, Kenia), um weitere Schmetterlinge zu sammeln. Inzwischen konzentrierte sie sich aber auf die Zucht und fertigte detaillierte Zeichnungen der Lebenszyklen vom Ei bis zum adulten Falter an. Sie schrieb zahlreiche wissenschaftliche Artikel über ihre Entdeckungen und führte auch ihre Tagebücher weiter. Nach der Afrikareise zog Fountaine nach London, um ihre umfangreichen Sammlungen zu sichten, reiste aber wenig später wegen einer Familienangelegenheit in die USA. Dort unternahm sie, ausgehend von den Karibikinseln Kuba und Jamaika, Forschungsreisen durch Amerika, die sie bis nach Costa Rica und Panama führten. Nach der Rückkehr nach London wurde ihr 1912 die Aufnahme in die renommierte Linnean Society angeboten, sie lehnte jedoch ab. Durch ihren Partner Neimy war

Seiten aus Margaret Fountaines Skizzenbüchern mit detaillierten Zeichnungen einiger der von ihr gezüchteten Schmetterlinge. Diese Bücher befinden sich heute im Natural History Museum in London.

ihr Interesse für Asien geweckt worden und sie trat eine zweijährige Reise durch den indischen Subkontinent (Indien, Ceylon, Nepal und Tibet) mit Abstechern nach Malaysia und auf die Philippinen an. Getrübt wurde ihre Begeisterung durch die rasche, von Menschen vorangetriebene Zerstörung von Wäldern und den daraus resultierenden Rückgang der Schmetterlingspopulationen.

Durch viele neue Entdeckungen, zahlreiche Veröffentlichungen und hochgelobte Zeichnungen wuchs Fountaines wissenschaftliches Renommee in den nächsten Jahren. Während des Ersten Weltkriegs wäre das Reisen sowieso schwierig gewesen, aber in dieser Zeit waren Margaret und Neimy an einem landwirtschaftlichen Projekt im australischen Queensland beteiligt, das jedoch scheiterte.

Mit finanziellem Scharfblick und ihrem Fachwissen als Schmetterlingsforscherin gelang es Fountaine dennoch, die Katastrophe zu überstehen. Als wieder Frieden herrschte, widmete sie sich weitere 20 Jahre dem Reisen und den Schmetterlingen: 1917 (USA), 1919 (Neuseeland), 1922 (Indien, Burma, Thailand), 1925 (Philippinen, Hongkong, Kanada, Westafrika), 1927 (Guadeloupe, Martinique, Südamerika), 1929 (USA, Kuba, Kenia, Uganda), 1935–1939 (Kambodscha, Vietnam, Singapur). Der Tod ihres Gefährten »Charles« Neimy, der 1928 in einem Krankenhaus in Damaskus der Malaria erlag, überschattete in den folgenden Jahren ihre Reisen. Zwei von Fountaine entdeckte Schmetterlinge wurden nach ihm benannt: *Hypothyris ninonia neimyi* und *Chiomara khalili.*

Margaret Elizabeth Fountaine starb im Alter von 77 Jahren in den Wäldern von Trinidad. Über 40 Jahre lang war sie durch sechs Kontinente gereist und hatte Exkursionen in über 60 Länder unternommen. Die Fountaine-Neimy-Sammlung

Margaret Fountaine im Alter von 19 Jahren, drei Jahre nachdem sie begonnen hatte, ihre Tagebücher zu schreiben. Sie pflegte diese Gewohnheit bis zu ihrem Tod mit 77 Jahren.

umfasst über 22 000 Schmetterlinge und befindet sich heute ebenso wie die Tagebücher im Castle Museum in Norwich. Mehr als 2400 Schmetterlinge und andere Insekten von ihren Reisen sind – nach über 100 Jahren noch immer in gutem Zustand – im Natural History Museum in London zu sehen. Der Erlös aus dem Verkauf ihres Hauses samt Inventar ging an ihre einzigen Neffen Lee und Melville, die Söhne ihres Bruders Arthur. Die kostbaren Zeichnungen sowie Notizen mit unveröffentlichten Erkenntnissen zu den Lebenszyklen von Schmetterlingen hinterließ sie der Bibliothek des Natural History Museum, wo sie sich noch immer befinden. Die Sammlung von Büchern und Notizbüchern mit Anmerkungen erhielt das zum Zeitpunkt ihres Todes »jüngste Mitglied« der Royal Entomological Society: Dennis Cooper, der in die USA auswanderte und sich dort als Anwalt niederließ. Er starb 1974 unter tragischen Umständen. Die Bücher und Notizen sind seitdem nicht aufgetaucht.

Das eigentliche Erbe von Margaret Fountaine besteht aber nicht in ihren Tagebüchern. Sie hat in der Erforschung von Schmetterlingen und ihren Lebenszyklen Pionierarbeit geleistet, interessante und bedeutende neue Arten gesammelt, zahlreiche Artikel für wissenschaftliche Zeitschriften verfasst und ihre Texte mit hervorragenden, akkuraten Zeichnungen illustriert. Für Frauen hat sie als unabhängige Naturforscherin in einer Zeit starrer Rollenbilder neue Wege geebnet.

Diesen Schmetterling aus der Familie der Edelfalter entdeckte Margaret Fountaine in Rondônia (Brasilien). Neimy zu Ehren gab Reily ihm 1919 den Namen *Hypothyris ninonia neimyi.*

DOUGLAS G. D. RUSSELL

EDWARD ADRIAN WILSON

Die Antarktis, die Natur und der unbezwingbare Geist des Menschen

Im Zeitalter der heldenhaften Polarforscher nimmt Edward Adrian »Bill« Wilson (1872-1912) eine bedeutende Position ein. Er nahm als rechte Hand von Kapitän Robert Falcon Scott an zwei Antarktis-Expeditionen teil und wurde von seinen Kollegen wegen seiner bescheidenen Verlässlichkeit, seines Muts und seiner Fähigkeiten als Arzt, Entdecker, Naturforscher, Ornithologe und Künstler geschätzt.

Dem angesehenen britischen Zoologen Dr. Philip Lutley Sclater hatte Wilson es zu verdanken, dass sein Leben eine unerwartete Wendung nahm. Im Sommer 1900 schrieb Sclater ihm, für die National Antarctic Expedition werde ein Arzt und Zoologe gesucht. Wilson war damals 27 Jahre alt und hatte sein Medizinstudium abgeschlossen. Er war nicht unbedingt der beste Kandidat für den Posten, denn er erholte sich gerade von einer Lungentuberkulose, die er sich bei freiwilliger Arbeit in den Slums von Battersea zugezogen hatte. Aus gesundheitlichen Gründen hatte er viel Zeit zum Zeichnen gehabt. Slater, damals Vorsitzender der Zoological Society of London, hatte ihm uneingeschränkten Zugang zum Zoo und zur Bibliothek gewährt. Wilsons reich illustrierte Notizbücher und Publikationen belegen sein großes zeichnerisches Talent. Im British Ornithologists' Club lernte Wilson viele führende Ornithologen seiner Zeit kennen und freundete sich mit einigen an, darunter Richard Bowdler Sharpe, damals Leiter der Vogelabteilung im Natural History

Edward Wilsons Darstellungen von jungen und adulten Königspinguinen *(Eudyptes schlegeli)* und Gelbaugen-Pinguinen *(Megadyptes antipodes)*.

Oben links: Edward Wilsons Bleistiftzeichnung eines Kaninchens, entstanden vermutlich im Frühling 1907 im schottischen Hochland.

Oben rechts: Wilsons Bild eines erfrorenen Kaiserpinguinkükens, das auf der *Discovery*-Expedition bei Cape Crozier auf dem Eis gefunden wurde.

Museum. Wilson hatte anfangs Zweifel, ob er der richtige Mann für die Expedition war, aber Sclater war sich seiner Sache sicher. Im November bot Kapitän Scott ihm den Platz an Bord an. Damit begann der Weg, der ihm seinen Platz unter den großen Antarktisforschern verschaffte.

Im August 1901 lichtete die RRS *Discovery* vor Cowes auf der Isle of Wight Anker und segelte südwärts. Die British National Antarctic Expedition hatte begonnen und es sollte 37 Monate dauern, bis sie zurückkehrte. Damals wusste man nur sehr wenig über Geografie und Natur der Antarktis, und selbst der Küstenverlauf war weitgehend unbekannt. Wilson hatte eine wichtige Funktion, weil die Expedition sowohl geografischen als auch naturwissenschaftlichen Zwecken diente. Im Lauf der nächsten Jahre trugen Wilson und der Meeresbiologe Thomas Vere Hodgson umfangreiche Sammlungen zusammen. Sie verbrachten viel Zeit damit, Zeichnungen anzufertigen, Beschreibungen zu notieren und Exemplare für das Natural History Museum in London zu sammeln, denn mit dem Expeditionskommittee war ausdrücklich vereinbart, dass alle Funde dem Museum übergeben werden sollten. Wilson bildete einige der Männer zu Taxidermisten aus. Vor allem Fähnrich Jacob Cross zeigte beachtliches Geschick. So erhielt das Museum von der *Discovery* insgesamt mehr als 400 Präparate. Wilson nutzte jede Gelegenheit zum Sammeln. Auf der Insel Trindade entdeckte er eine neue Sturmvogelart, der sein Freund Bowdler Sharpe später ihm zu Ehren den Namen *Ostrelata wilsoni* gab. Heute wird angenommen, dass es sich um eine Farbvariante des Trinidad-Sturmvogels *(Pterodroma arminjoniana)* handelte. Als sie sich der Macquarieinsel im südlichen Pazifik näherten, versprach Wilson dem Navigationsoffizier Albert Borlase Armitage eine Flasche Schnaps, damit er den Kapitän überredete, sie zum Sammeln an Land gehen zu lassen. Tatsächlich erkundete Wilson mit Kapitän Scott und Leutnant Michal Barne die Insel, und sie bekamen zum ersten Mal Antarktis-Pinguine zu Gesicht, die ihnen im weiteren Verlauf der Expedition noch häufig begegnen sollten.

Eine neue Wendung in Wilsons Leben ergab sich, als Schiffsingenieur Reginald Skelton zusammen mit Arthur Quartley und Edgar Evans im australischen Frühling 1902 eine Zufallsentdeckung machten. Am 18. Oktober fanden Skelton und seine Kollegen bei Cape Crozier an der Ostspitze der Ross Island in der Antarktis eine Kolonie brütender Kaiserpinguine *(Aptenodytes forsteri)* und fotografierten erstmals die Küken dieser Art. Wilson hatte das Kap schon im vorherigen Sommer besucht und dort eine Kolonie der großen Adeliepinguine *(Pygoscelis adeliae)* beobachtet, brütende Kaiserpinguine hatte aber bislang niemand entdeckt. Wahrscheinlich hatten Reisende erstmals im 18. Jahrhundert Pinguine gesehen, wissenschaftlich beschrieben und benannt wurden sie aber erst 1844 nach der Ross-Expedition. Über ihre Biologie war fast nichts bekannt. Niemand wusste, wo und wie sie brüteten, denn bislang hatte man nur ein einziges Ei gefunden. Es war etwa 60 Jahre früher auf der zweiten Reise der *Astrolabe* unter Jules Dumont d'Urville auf einem Eisberg entdeckt worden. Skelton und seine Begleiter nahmen drei Küken mit und übergaben sie dem begeisterten Wilson.

Scott hatte Ernest Shackleton und Wilson, der darüber höchst überrascht war, als Begleiter zu einer Exkursion in Richtung Pol ausgewählt. Wilson hatte folglich keine Zeit, die gerade entdeckte Kolonie am Cape Crozier eingehender zu studieren. Darum erbot sich Leutnant Royds, mit einigen Männern nochmals zur Kolonie

Oben: Zwei Exemplare der Art *Ostrelata wilsoni*, 1902 von Edward Wilson auf der Insel gesammelt und von Richard Bowdler Sharpe beschrieben.

Gegenüber: Brutkolonie von Kaiserpinguinen bei Cape Crozier, gemalt von Edward Wilson während der *Discovery*-Expedition.

zu fahren, um Beobachtungen anzustellen und Proben zu sammeln. Sie stellten fest, dass die Alttiere und Küken die Kolonie verlassen hatten, brachten aber tote Küken mit. Am 8. November 1902 fand Korporal Arthur Blissett ein Ei, das Begeisterung auslöste, sich aber als faul erwies. Inzwischen hatten sich Wilson, Scott und Shackleton mit Schlitten 480 km weit nach Süden durchgeschlagen, weiter als alle früheren Forscher. Sie waren nur noch 770 km vom Südpol entfernt, als sie umkehren mussten. Als sie nach drei Monaten zurückkehrten, hatte Wilson Prellungen und einen so schweren Sonnenbrand, dass selbst das Baden eine Qual war. Trotzdem wollte er unbedingt mit Charles Royds über die Kaiserpinguinkolonie am Cape Crozier sprechen.

Im folgenden Frühjahr (September 1903) reiste Edward Wilson erneut nach Crozier, um die Pinguine zu beobachten und Proben zu sammeln. Er kannte die Brutdauer nicht genau, hatte aber anhand der Entwicklung der Küken, die Skelton und Royds ihm gebracht hatten, Berechnungen angestellt und ging auch aufgrund seiner Kenntnisse über Königspinguine von mindestens 49 Tagen Brutzeit aus. Er erwartete also, Eier zu finden, wenn er Anfang September in der Kolonie ankam.

Als die Forscher eintrafen, waren die Küken bereits geschlüpft. Sie folgerten, dass die Kaiserpinguine ihre Eier bereits früher, also im australischen Winter legen mussten. Diese Erkenntnis führte dazu, dass Wilson acht Jahre später zu einer der schwierigsten Polarexpeditionen der Geschichte aufbrach.

Als gegen Ende des zweiten Sommers das antarktische Eis die *Discovery* freigab, trat das Schiff die Heimreise an. Wilson traf seine Frau Oriana schon in Neuseeland, wo das Paar einige Monate gemeinsam verbrachte. Dann reiste er nach Norden und kam nach einer stürmischen Überfahrt im September 1904 im englischen Hafen Southsea an. In den nächsten Monaten hielten ihn gesellschaftliche Veranstaltungen und die Arbeit für das Natural History Museum Wilson in Atem. Er fertigte Kopien seiner Zeichnungen, illustrierte Publikationen, stellte Diapositive her, hielt Vorträge und verfasste wissenschaftliche Artikel. Den Ruhm und die öffentlichen Auftritte fand er anstrengend, aber er war entschlossen, sein Wissen und seine Position zu nutzen. Voller Abscheu hatte er erlebt, wie auf der Macquarieinsel Hunderte von Königspinguinen gekocht wurden, um Lampenöl zu gewinnen. Dieses Erlebnis bewirkte, dass er später an einer der ersten internationalen Naturschutzkampagnen beteiligt war.

Bei einer Konferenz des British Ornithologists' Club lernte Wilson im März 1905 den Vorsitzenden Simon Fraser, 14. Lord Lovat, kennen. Dieser ging der Frage nach, warum in Großbritannien viele schottische Moorschneehühner *(Lagopus l. scotica)* an der geheimnisvollen »Schneehuhnkrankheit« starben, und beauftragte Wilson mit Feldbeobachtungen. Thomas Cobbold hatte in den 1870er-Jahren einen Parasiten als Ursache vermutet. Um dieser These auf den Grund zu gehen, sezierte Wilson fast 2000 Schneehühner aus verschiedenen Regionen Schottlands. Shackleton versuchte ihn zu überreden, »das Land über die Schneehühner« zu stellen und sich an der Nimrod-Expedition in die Antarktis zu beteiligen. Zu Shackletons großer Enttäuschung wollte Wilson das Schneehuhn-Projekt aber zu Ende führen.

Als sich im September 1909 das Ende der Schneehuhn-Untersuchung abzeichnete, erhielt Wilson ein Telegramm von Scott: Er sollte die wissenschaftliche Leitung seiner nächsten Expedition übernehmen. Die Abreise aus England war für den Juni 1910 vorgesehen. Wilson sagte zu, wahrscheinlich auch, weil er die Möglichkeit sah, noch einmal das Brutverhalten der Kaiserpinguine zu studieren. Beeinflusst war er von Ernst Haeckels Rekapitulationstheorie und ihrer Kernaussage »die Ontogenese

Von Wilson zur Erforschung der Schneehuhnkrankheit präparierte Moorschneehühner (*Lagopus lagopus scotica*), heute im Natural History Museum in London.

rekapituliert die Phylogenese« – mit anderen Worten, die Entwicklungsstadien eines Embryo entsprechen einer chronologischen Wiederholung seiner Evolution. Wilson glaubte, durch die Untersuchung von Pinguin-Embryonen Erkenntnisse über die Evolution aller Vögel gewinnen zu können. 1907 schrieb Wilson in einem Bericht von seiner ersten Expedition: »Die Möglichkeiten, die uns der Kaiserpinguin nicht nur als primitivste bekannte Form eines Pinguins, sondern eines Vogels bietet, sind für die zukünftige Erforschung seiner Embryologie von größter Bedeutung«.

Im Juni 1910 setzte die *Terra Nova* in Cardiff Segel, die British Antarctic Expedition begann. Vordergründig bestand das Hauptziel darin, den Südpol zu erreichen. Unter Wilsons wissenschaftlicher Leitung wurden außerdem in den nächsten Jahren Tausende von zoologischen und geologischen Proben gesammelt, darunter auch Pinguineier. Im Januar 1911 erreichte das Schiff die Antarktis.

Das Ziel der Untersuchung von Kaiserpinguin-Embryonen war damit in greifbare Nähe gerückt. Die »Winterreise« zum Sammeln der Pinguineier ist als eine der ungewöhnlichsten, gefährlichsten und mutigsten Exkursionen der Polarforschung in die Geschichte eingegangen. Wilson wägte die Gefahren ab und wählte zwei

Farbvarianten des Schwarzdelfins *(Lagenorhynchus obscurus)* aus Edward Wilsons *Terra Nova Sketch Book.*

Begleiter. Einer war sein 25-jähriger zoologischer Mitarbeiter Apsley Cherry-Garrard, der zweite der 27-jährige Henry Robertson »Birdie« Bowers. Wilson war mit 38 Jahren der älteste und erfahrenste Teilnehmer, und er war sich der bevorstehenden Schwierigkeiten durchaus bewusst. Die Entfernung zwischen dem Basislager am Cape Evans zum Cape Crozier betrug mindestens 216 Kilometer. Von der *Discovery*-Expedition wusste Wilson, dass die Exkursion im Winter stattfinden musste, also bei fast völliger Dunkelheit und extremer Kälte. Es war ein unvorstellbar gefährliches Unternehmen, und Wilson hatte Mühe, Kapitän Scotts Zustimmung zu erhalten.

Am 27. Juni 1911 standen die drei Männer nervös in der eisigen Dunkelheit und warteten auf das Blitzlicht von Herbert Pontings Kamera. Ausrüstung und Proviant waren auf zwei 2,7 m langen Schlitten festgezurrt, die zusammen 358 kg wogen. All das mussten die Männer über das Eis ziehen. Als sie Cape Crozier erreichten, beschlossen sie, ihr Camp in der Nähe der Vogelkolonie aufzuschlagen, und planten vor der Rückkehr einige Sammelexkursionen. Die harte Wirklichkeit der Expedition hat Cherry-Garrard elf Jahre später in *The Worst Journey in the World* eindrucksvoll geschildert. »Um das Grauen des neunzehntägigen Wegs von Cape Evans nach Cape Crozier zu verstehen, muss man es erlebt haben. Und wer diesen Weg noch einmal geht, muss verrückt sein: Es ist unbeschreiblich«. Die Männer gingen an die Grenzen des Erträglichen. Die Durchschnittstemperatur lag bei -40 °C, sank aber bis auf -60 °C. Selbst mit moderner Ausrüstung sind solche extremen Temperaturen gefährlich, und die damaligen Forscher hatten nur das Low-Tech-Equipment ihrer Zeit. Der menschliche Körper ist darauf programmiert, die lebenswichtigen Organe zu schützen. Im Notfall zieht er Blut aus den Extremitäten ab. Dadurch werden Arme und Beine träge. Der Stoffwechsel verlangsamt sich, was zu geistiger Verwirrung führt. Das Fleisch gefriert, die Zähne klappern.

Am 20. Juli erreichten sie schließlich die Brutkolonie und konnten drei intakte Eier sammeln. Die Hoffnung auf einen weiteren Besuch der Kolonie zerschlug sich, weil das Ausrüstungszelt von einem Schneesturm weggeweht wurde. Zum Glück konnten die Männer das meiste retten und in ein Iglu aus Eis, Steinen, Holz und Zeltbahnen bringen, das sie gebaut hatten. Am nächsten Tag wütete der Schneesturm weiter und die Männer blieben im Iglu. Sie fürchteten, der Wind könnte ihr ganzes Camp zerfetzen. Damit lagen sie richtig. Als der Sturm seinen Höhepunkt erreichte, riss er das Segeltuchdach ihres »Iglus« ab. Sie wussten, dass sie ohne ein Zelt nahezu keine Überlebenschancen hatten, munterten sich aber weiterhin auf, indem sie sangen und Witze rissen. Seit Aufkommen des Sturms hatten sie zwei Tage und zwei Nächte nichts gegessen, lutschten aber das Eis, das sich auf ihren Schlafsäcken bildete, um Wasser zu sich zu nehmen. Als der Sturm am nächsten Tag abflaute, konnten sie das Iglu verlassen und ihr Zelt suchen. Wie durch ein Wunder fanden sie es in wenigen Hundert Metern Entfernung und bereiteten sich sofort auf ihre Rückkehr nach Cape Evans vor, das sie sieben Tage später erreichten.

Vier Fotos eines Kaiserpinguineis, gesammelt von Edward Wilson, Henry Bowers und Apsley Cherry-Garrard 1911 auf der Winterreise ans Cape Crozier.

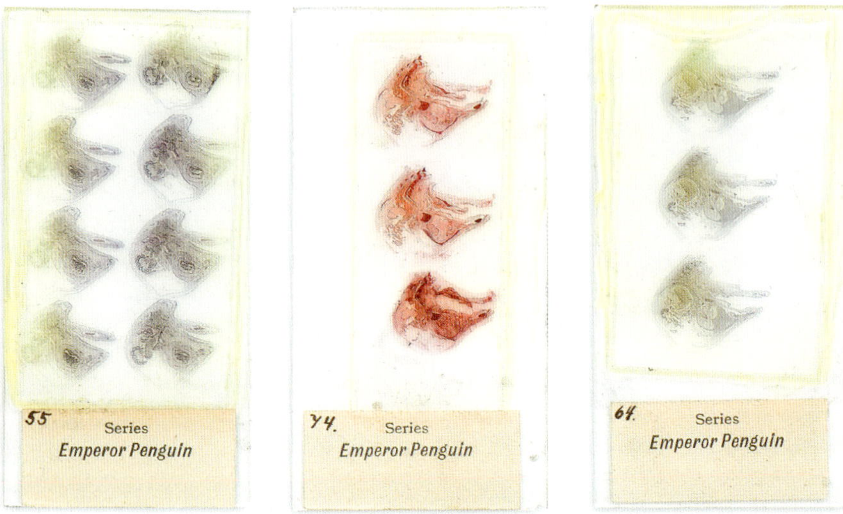

Drei Diapositive von Kaiserpinguinembryos, gesammelt von Edward Wilson, Henry Bowers und Apsley Cherry-Garrard 1911 auf der Winterreise ans Cape Crozier.

Trotz aller Widrigkeiten hatten sie es geschafft. Die drei mitgebrachten Eier und die Diapositive der Embryonen zählen zu den wertvollsten Schätzen des Museums, obwohl sie nicht die Informationen lieferten, auf die Wilson gehofft hatte. Scott war über die wohlbehaltene Rückkehr ungemein erleichtert. Die Exkursionsteilnehmer erholten sich langsam, und Wilson griff, sobald er dazu imstande war, zum Pinsel. Er füllte sein Notizbuch mit Skizzen von Sonnenuntergängen über den Western Mountains, des majestätischen Mount Erebus und all der bemerkenswerten Lebensformen, die er gesehen hatte.

Er musste sich schnell erholen, denn die Pläne für die Polarexpedition waren bereits ausgearbeitet. Mitte Oktober wurden die Teilnehmer der Expedition zum Südpol bestimmt. Nur 13 Wochen nach der Rückkehr von der »Winterreise« brach Scott mit Wilson und elf weiteren Kollegen auf. Am 3. Januar wurden die fünf Männer ausgewählt, die die letzte Etappe bis zum Pol zurücklegen sollten: Scott, Wilson, Lawrence Oates, Bowers und Edgar Evans. Am 17. Januar 1912 standen die Männer schließlich am Pol, schwer enttäuscht, weil Roald Amundsen es 32 Tage vor ihnen geschafft hatte. Auf dem Rückweg wurde immer deutlicher, dass die Männer in ernsten Schwierigkeiten steckten. Wilson erhielt von Scott die Genehmigung für eine Aktion, die sein letzter großer Beitrag zur Wissenschaft sein sollte. Er sammelte 16 kg geologische Proben um den Mount Buckley am Kopf des Beardmore-Gletschers. In diesem Gestein wurde das erste Exemplar eines *Glossopteris* aus der Antarktis gefunden. Der Nachweis dieses ausgestorbenen Samenfarns trug dazu bei, die von Alfred Wegener aufgestellte Theorie der Kontinentaldrift zu bestätigen.

Genau einen Monat nach Erreichen des Südpols starb Evans infolge schwerer Frostschäden und einer Kopfverletzung. Auch der Zustand der anderen Männer verschlechterte sich von Tag zu Tag. Einen Monat später entschied sich Captain Lawrence 'Titus' Oates für den Suizid, indem er trotz schwerer Erfrierungen das Zelt verließ. Er opferte sich, weil er annahm, seine Gefährten würden ohne ihn besser vorankommen. Aber auch deren Zustand war bereits kritisch. Scott, Wilson und Bowers mühten sich unter Schmerzen 32 Kilometer weiter, um das »One Ton«-Depot zu erreichen, das ihre Rettung hätte sein können. Aber zwei Wochen später, etwa am 29. März, verfasste Scott seinen letzten Tagebucheintrag. Acht Monate später wurden ihre Leichen neben ihren Tagebüchern und letzten Briefen gefunden. Wilson und Bowers waren im Schlaf gestorben. Scott hatte als letzter Lebender die Arme um Wilson gelegt. Einer von Scotts letzten Briefen war an Wilsons Frau Oriana gerichtet. »*Wenn dieser Brief dich erreicht, werden Bill und ich gemeinsam gegangen sein. Das Ende ist schon nah, aber du sollst wissen, wie großartig er bis zum Schluss war – immer heiter und bereit, sich für andere zu opfern. Nie ein Wort des Vorwurfs, weil ich ihn in diese schlimme Lage gebracht hatte. Zum Glück leidet er nicht, oder nur an geringfügigen Beschwerden. Seine Augen leuchten im Blau der Hoffnung, und seine Seele hat Frieden gefunden, denn er ist zufrieden, sich als Teil im großen Plan des Allmächtigen zu erkennen. Zum Trost kann ich dir nur sagen, dass er gestorben ist, wie er gelebt hat: als tapferer, aufrichtiger Mann, wunderbarer Kamerad und verlässlicher Freund. Ich bin in meiner Trauer mit meinem ganzen Herzen bei dir. Dein R. Scott.*«

Wilson wurde nur 39 Jahre alt. In seinem kurzen Leben hat er unschätzbar wertvolle Beiträge zur Naturwissenschaft und Kunst geleistet. Von allen Entdeckern und Sammlern, die unser Wissen erweitert haben, war er fraglos einer der mutigsten, hingebungsvollsten und fähigsten.

HELLEN PETHERS

HEREWARD DOLLMAN

Entomologe mit Kunstverstand

Die Schlafkrankheit ist eine lebensgefährliche Infektionskrankheit, die durch die Tsetsefliege *(Glossina)* übertragen wird. Die Krankheit ist in der südlichen Sahara verbreitet. Heute sind relativ wirkungsvolle Schutz- und Vorbeugungsmaßnahmen bekannt, sodass die Anzahl der Erkrankungen stetig zurückgeht. Um die Wende zum 20. Jahrhundert war die Krankheit aber noch weitgehend unerforscht und stellte ein nicht zu unterschätzendes Problem dar. Hereward Dolman hat sich mit dem Lebenszyklus und den Lebensgewohnheiten der Tsetsefliege beschäftigt und so dazu beigetragen, dass Möglichkeiten gefunden werden konnten, die von der Fliege übertragene Krankheit zu kontrollieren.

Hereward Chune Dollman wurde am 10. März 1888 als Sohn von John Charles und Mary Jane Dollman in Bedford Park, Acton, im Westen Londons geboren. Die Familie war gut situiert, und er wuchs mit seinen drei Geschwistern in einer Atmosphäre auf, in der das Interesse an Kunst und Naturwissenschaft gefördert wurde. Großen Einfluss auf die Kinder (Mary, Ruth, John Guy und Hereward) hatte ihr Vater, der englische Maler und Illustrator John Dollman (1851–1934), dessen Atelier sich im Wohnhaus befand. 1870–1912 stellte er in der Royal Academy aus, daneben war er für die Zeitschrift *The Graphic* tätig. Neben Szenen des englischen Landlebens malte er häufig Arbeitstiere und auch wild lebende Tiere. Auch seine Kinder

Dollman hat in Afrika Raupen in Gefangenschaft gezüchtet. Seine Zeichnungen, hier *Cirina forda* (oben) und *Furcula marshalli* (unten), sind von besonderem Wert, weil es in Museumssammlungen kaum Exemplare dieser Raupen gibt.

1907 erhielt Dollman ein Stipendium für das St John's College in Cambridge. 1913 verließ er England, um für die British South Africa Company zu arbeiten.

besaßen beachtliches künstlerisches Talent. In der wohlhabenden, lebensoffenen Familie wurden sie ermutigt, verschiedenen Interessen nachzugehen, es gab sogar Theatervorführungen im Haus.

Die Familie besaß ein weiteres Haus in Hove am Fuß der South Downs in Sussex, das regelmäßig genutzt wurde. Dort durften die lernbegierigen Kinder die Umgebung erkunden. Wie viele Kinder dieser Zeit fingen auch Hereward und sein älterer Bruder Guy an, Insekten zu sammeln. Hereward entdeckte schon mit fünf Jahren seine Begeisterung für die Entomologie, vor allem für Käfer und Schmetterlinge, die ihn sein Leben lang begleiten sollte.

Er besuchte die St. Paul's School in Barnes (London), wo er und sein Bruder sich durch künstlerisches Talent und ihre Begeisterung für die Naturkunde hervortaten. Schon während der Schulzeit wurde Hereward Dollman mit verschiedenen Preisen für Ausstellungen und künstlerische Leistungen ausgezeichnet, darunter dem John-Watson-Preis für besondere Leistungen im Malen und Zeichnen. Am 21. März 1906 wurde er in die Londoner Entomological Society aufgenommen, für einen Teenager eine beachtliche Leistung.

Im folgenden Jahr erhielt Dollman ein Stipendium für das St. John's College in Cambridge, wo er Naturwissenschaften studierte. Er sammelte und studierte weiterhin Käfer und überließ 1910 dem Natural History Museum in London zwei Exemplare des *Olophrum nicholsoni.* Zwei Jahre später veröffentlichte er seinen ersten Artikel »Coleoptera at Ealing 1911« im *Entomologist's Monthly Magazine.* Darin beschrieb er die Käferart *Longitarsus plantagomaritimus.*

In seinen Feldnotizen aus den Jahren 1908 bis 1912 sind die Orte verzeichnet, an denen er Käfer gesammelt hatte: Ditchling, Gravesend, Richmond Park, Cambridge,

Tilgate Forest und Horsham. Er notierte auch Anmerkungen über Arten, die er mit anderen Sammlern getauscht hatte, oder die sich noch nicht in seiner Sammlung oder Artenliste befanden. Diese Anmerkungen enthalten wichtige wissenschaftliche Informationen über die Umstände, unter denen er die Tiere gefunden hatte, beispielsweise »im Moos an einer Mauer« oder »zwischen Seetang und Strandgut«. Diese Notizen zeigen, dass der junge Entomologe über eine scharfe Beobachtungsgabe und einen Blick für Details verfügte. Er baute seine eigene Sammlung weiter aus und knüpfte Beziehungen zu anderen Naturforschern aus der Umgebung.

Der berühmte Entomologe John Hartley Durrant, mit dem sich Dollman schon als Schüler angefreundet hatte, schrieb später in seinem Nachruf: »Ich erinnere mich gut an seinen ersten Besuch. Er war ein Schuljunge und hatte ein Empfehlungsschreiben seines Vaters bei sich. Ich war überrascht von seiner schnellen Auffassungsgabe, was dieses Thema betraf [...] man hätte sich keinen interessanteren Gefährten wünschen können. Seine Ausdauer und Großzügigkeit im Feld erfüllten mich mit Bewunderung, aber auch mit Zuneigung«.

Zu Beginn des Jahres 1917 nahm Dollmans Leben eine entscheidende Wendung. Er war bei der British South Africa Company (BSAC) als Entomologe beschäftigt und reiste nach Nordrhodesien (heutiges Sambia), um die Tsetsefliege *(Glossina morsitans)* zu erforschen. Diese afrikanischen Fliegen sind die Hauptüberträger von Trypanosomen, den parasitären Protozoen, die bei Tieren die Trypanosomiasis und bei Menschen die Schlafkrankheit verursachen. Im späten 19. und frühen 20. Jahrhundert stellte diese Krankheit für Menschen, die in den afrikanischen Kolonien lebten, eine ernste Bedrohung dar. Man hatte sie zwar schon früher in Westafrika beobachtet, und wahrscheinlich war sie auch den Einheimischen bekannt, aber ihre katastrophale Wirkung auf Menschen und Tiere war nicht erforscht, und man kannte keine Heilmittel. Schon vor Dollmans Ankunft hatte es Bemühungen gegeben, die Schlafkrankheit in Sambia in den Griff zu bekommen. Die Liverpool School of Tropical Medicine hatte 1907–1909 eine Expedition unternommen, der erste Fall der rhodesischen Schlafkrankheit wurde 1908 dokumentiert. Dollman war in Mwengwa am Oberlauf des Flusses Kafue stationiert. Außer ihm hatte die BSAC die beiden Entomologen Llewellyn Lloyd und Robert Astley Franklin Eminson hier eingesetzt. Eminson sollte zusammen mit Dollman saisonale Schwankungen, Fortpflanzungsgewohnheiten und Verbreitung der Tsetsefliege untersuchen. Dollman sollte sich dabei vor allem auf die Parasiten der Tsetsefliege konzentrieren und deren Lebenszyklus erforschen, um Möglichkeiten zur Kontrolle der Krankheit, die für Menschen und Tiere eine ernste Bedrohung darstellte, zu finden. Anhand eines Exemplars, das Dollman in Mwengwa gesammelt und ans British Museum (Natural History) gesandt hatte, publizierte Rowland E. Turner die Beschreibung einer neuen parasitären Wespenart *(Mutilla glossinae)*. Später im gleichen Jahr veröffentlichte Dollman seinen Artikel »Glossina morsitans, Westw.: Some notes on the parasitisation of its pupae«, in dem er die bevorzugten Wirte der Art benennt. Wo sich weitere detaillierte Dokumentationen befinden, die er im Auftrag der BSAC erstellte, ist leider unbekannt.

Das Entomological Research Committee hatte einige Jahre zuvor seine *Instructions to Collectors* herausgegeben, die sich speziell auf das tropische Afrika bezogen. Darin hieß es: »In Bezug auf die Tsetsefliege besaßen monatliche Ergebnisse aus demselben Gebiet höheren Wert als unregelmäßige Sammlungen aus verschiedenen Regionen«. Sicherlich schlossen sich die Entomologen der BSAC dieser Herangehensweise an. Dollman forschte hauptsächlich im »Bezirk von Namwala zwischen den Regierungsstützpunkten von Namwala und Mwengwa, in der Nähe des Flusses Kafue«. Auch während seiner Zeit in Afrika beschäftigte sich Dollman mit seiner Leidenschaft, dem Sammeln und Studieren von Coleoptera und Lepidoptera. In seinem Notizbuch hat er wissenschaftliche Studien dokumentiert, die er anstellte, um mithilfe gesammelter Raupen makellose adulte Tiere zu gewinnen.

Aus Dollmans ausführlichen Aufzeichnungen geht hervor, dass er *Papilio dardanus* aus Larven züchtete, die er 1917 in Solwezi (Sambia) gesammelt hatte.

Das von Dollman in Afrika geschaffene Material umfasst 157 Aquarelle von Raupen sowie Aufzeichnungen über seine Sammel- und Zuchtaktivitäten von Tag- und Nachtfaltern aus dem Nordwesten Rhodesiens. Seine Illustrationen sind wegen ihrer Genauigkeit und dem direkten Bezug zu seinen wissenschaftlichen Notizen über die Entwicklung von der Puppe bis zum ausgewachsenen Falter für die Forschung von besonderem Wert. Zudem enthalten sie wichtige Informationen über die Sammelorte und die Lebensbedingungen der Tiere. Studien haben ergeben, dass es sich bei den gezeichneten Raupen nicht um präparierte Exemplare handelt, sondern um Tiere, die er in Gefangenschaft gezüchtet hat. Die Falter hingegen hat er gezeichnet, sobald sie schlüpften, darum sind sie makellos – ohne Schäden durch Reibung oder Sonnenlicht. Weil Dollman die Raupen im Feld gezüchtet hat, sind seine Illustrationen die einzigen wissenschaftlichen Dokumente über sie. Das zeigt, welchen Stellenwert solche Unterlagen für die Wissenschaft haben können. Einige Köpfe hat er jedoch aufbewahrt. Das war damals ein übliches Vorgehen, denn es war schwierig, Raupen so zu präparieren, dass ihre ursprüngliche Färbung erhalten blieb.

Neben den Fundstücken geben auch Dollmans ausführliche Notizen wertvolle Einblicke in damaligen Lebens- und Forschungsbedingungen in Afrika, und sie erklären, warum es für einen Entomologen schwierig sein kann, den genauen Fundort einer Art anzugeben. »Mein Lager befand sich in einigen Meilen Entfernung von

Dollman sammelte die Larven von *Pseudacraea poggei* Ende Mai und im Juni 1917 in Solwezi. Er notierte, die Kopfform sei »sehr individuell«.

einem Dorf der Ureinwohner, von einem Fluss, einem kopje [kleiner Hügel] oder einem anderen erkennbaren geografischen Merkmal«. In der Nähe von Wasserbock- oder Antilopenherden sammelte er unter Bäumen oder in deren Umgebung heruntergefallene Puppen von Tsetsefliegen.

Ende 1915 nahm Dollman eine Zeitlang Urlaub und kehrte am 1. November nach England zurück. Damals befand sich das Land im Krieg. Drei Monate später heiratete er am 23. Februar 1916 Norah Alice Sydney Holloway. Es war eine Doppelhochzeit, das andere Paar bestand aus seinem Bruder und Ethel Violet Holloway, Norahs Schwester. Zwei Wochen später gingen Mr. und Mrs. H. C. Dollman in Plymouth an Bord eines Schiffs mit Zielhafen Kapstadt, um von dort ins Herz Afrikas zu reisen. Damals wussten sie noch nicht, dass Norah England nicht wiedersehen würde. Nach fünfmonatigen Reisen durch Afrika starb sie am 5. Juli in Kasempa, einem Verwaltungssitz im nördlichen Rhodesien. Wo sie beigesetzt wurde, ist unbekannt. Einer Quelle zufolge soll sie der Erschöpfung erlegen sein, in einer anderen heißt es, sie sei im Schlaf gestorben. Für Dollman muss es ein schwerer Schlag gewesen sein. Anschließend hat er sich umso intensiver in seine Arbeit gestürzt, sein Forschungsgebiet lag nun weiter nördlich bei Solwezi. Weiterhin sammelte er Käfer, von denen er einige ans Natural History Museum in London schickte.

In dieser Zeit litt Dollman selbst an Symptomen der Schlafkrankheit und wiederholten Fieberschüben. 1918 war ihm klar, dass er erkrankt war. Im September kehrte er nach England zurück, um die ihm bleibende Zeit zum Sichten seiner Aufzeichnungen zu nutzen. Leider blieb ihm dafür nur wenig Zeit. Zu Weihnachten verschlechterte sich sein Zustand erheblich, und am 3. Januar 1919 starb er im Haus der Familie in Bedford Park. Seine Angehörigen und Freunde waren überzeugt davon, dass er an der Schlafkrankheit gestorben war, wenngleich im Totenschein Malaria als Todesursache genannt war.

Es ist tragisch, wenn ein vielversprechender Wissenschaftler so jung stirbt. Für Dollman muss die Erkenntnis, dass er seine Forschungen nicht fortführen konnte, bitter gewesen sein. Ihm war durchaus bewusst, dass er eine relevante, aber noch unerforschte Sammlung zusammengetragen hatte. Zwei Monate nach seinem Tod erfüllte der Vater den letzten Willen des Sohnes und bot dem British Museum die

Von den adulten Schmetterlingen, die Dollman gezeichnet hat, sind nur wenige Exemplare erhalten. Eines davon ist dieser Mackinnon-Schwalbenschwanz *(Papilio mackinnoni)*. Die Zeichnung zeugt davon, dass er großes künstlerisches Talent und wissenschaftliches Verständnis besaß.

♀
Hereward Dollman, -18

Cyrtogone liturata (oben) und *Bunaea macrothyris* (unten). Dollman ergänzte alle seine Zeichnungen durch Anmerkungen. Er notierte beispielsweise, wann und wo er die Raupe gesammelt hatte, welche Pflanzen sie fraß und ob das adulte Tier erfolgreich schlüpfte.

Sammlungen, Zeichnungen und Notizbücher an. So war der wissenschaftliche Nachlass gesichert.

Es war Hereward Dollmans ausdrücklicher Wunsch, dass seine Sammlung von Lepidoptera aus dem nördlichen Rhodesien 15 Jahre als Gesamtheit erhalten bleiben sollte, um weitere Forschungen zu erleichtern. Seine Sammlung von Schmetterlingen umfasst 300 Arten mit 3500 Exemplaren, von denen fast 60 Prozent in Nordrhodesien in Gefangenschaft gezüchtet wurden, außerdem ausführliche Aufzeichnungen über Wirtspflanzen, Vorkommen und Lebensraum. Unter diesen befinden sich einige bedeutende Exemplare aus kaum erforschten Gebieten, ebenfalls mit detaillierten Angaben zum Fundort und oft mit Anmerkungen zur Ökologie.

Dollman forschte in abgelegenen Gebieten. Material aus diesen Gegenden Sambias ist in anderen Sammlungen kaum zu finden. Eine Untersuchung von etwa 3000 Exemplaren des verbreiteten afrikanischen Schein-Schwalbenschwanzes

(Papilio dardanus) ergab, dass die einzigen aus dieser Region von Dollman stammten. Als die Materialien im Natural History Museum eintrafen, befassten sich mehrere Forscher mit ihnen. Im Zuge der Vorbereitung auf die geplante Veröffentlichung eines Werkes mit Dollmans Illustrationen beschrieb Norman Denbigh Riley mehrere Nachtfalter aus der Sammlung, »damit ihre Namen für die geplante Publikation zur Verfügung stehen«. Darunter befanden sich die neue Art *Odontocheilopteryx dollmani* und die Gattung *Dollmania*. Die Abbildungen wurden nicht veröffentlicht, aber Riley befasste sich eingehend mit der gesamten Sammlung, beschrieb acht neue Arten, sechs Unterarten und fünf neue Formen, darunter *Mylothris dollmani*. Eine Art wurde später im Zuge einer separaten Überarbeitung von G. T. Bethune-Baker beschrieben.

Dollmans Sammlung stellt bis heute einen Fundus wertvoller Informationen über dieses Gebiet Afrikas dar. Eine neue Art der Coleoptera wurde anhand seiner Sammlung erst 1986 beschrieben. Heute sind mindestens 60 Insektenarten, darunter Käfer und Schmetterlinge, nach ihm benannt. Darin und in seinen Sammlungen besteht sein Erbe für die Wissenschaft.

REGISTER

Kursiv gesetzte Seitenzahlen beziehen sich auf Bildunterschriften. **Fettgedruckte** Seitenzahlen beziehen sich auf die im Buch porträtierten Forschungsreisenden.

BIBLIOGRAFIE

JOHN JAMES AUDUBON S. 106–115

Fries, W., 1973. *The Double Elephant Folio: The Story of Audubon's Birds of America*. American Library Association, Chicago.

Olson, R., 2012. *Audubon's Aviary: The Original Watercolors for The Birds of America*. New-York Historical Society and Skira Rizzoli, New York.

THOMAS BAINES S. 162–171

Andersson, C. J., 1872. *Notes on the birds of Damara Land and the adjacent countries of South-West Africa... Arranged and edited by John Henry Gurney, with some additional notes by the editor, and an introductory chapter containing a sketch of the author's life*. John Van Voorst, London.

Baigent, E., 2004. Baines, (John) Thomas, *Oxford Dictionary of National Biography* 3: S. 337–338.

Baines, T., 1852. *Scenery and events in South Africa: being a series of views of the most interesting objects in the seat of the present* [Kafir] *War*. Pt 1. Ackerman, London.

Baines, T., 1859. Notes on the Zambesi Expedition. From the Journal of Thomas Baines, Esq., F.R.G.S., artist to the Expedition. *Proceedings of the Royal Geographical Society of London* 3: S. 99–106.

Baines, T., 1864. *Explorations in South-West Africa. Being an account of a journey in the years 1861 and 1862 from Walvisch Bay, on the Western Coast, to Lake Ngami and the Victoria Falls*. Longman, London.

Baines, T., 1865. *The Victoria Falls, Zambesi River. Sketched on the spot during the Journey of J. Chapman & T. Baines*. Day & Son, London.

Baines, T., 1877. *The gold regions of south-eastern Africa* 2004 edition with new introduction by D. Knight. (Series: Scientific travellers 1790–1877. Vol. IX). Routledge, London.

Baines, T., 1961, 1964. *Journal of residence in Africa 1842–1853*. Edited, with introduction, notes and maps, by R.F. Kennedy. 2v. Vol. 1. 1842–1849; Vol. 2. 1850–1853. The Van Riebeeck Society, Cape Town.

Baines, T., 1972. *The birds of South Africa. Painted by Thomas Baines (1820–1875)*. Winchester Press, Johannesburg.

Baines, T., 1975. *The birds of South Africa painted by Thomas Baines (1820–1875)*. Winchester Press, Johannesburg.

Birman, W., 1992. Baines, John Thomas (Thomas), S. 38–39, in Kerr, J. (Hrsg.) *The Dictionary of Australian Artists*. Oxford University Press, Melbourne.

Braddon, R., 1986. *Thomas Baines and the North Australian Expedition*. Collins, Sydney.

Carruthers, J., 1990. *Thomas Baines: eastern Cape sketches, 1848–1852*. Brenthurst Press, Südafrika.

Carruthers, J. & Arnold, M., 1995. *The life and work of Thomas Baines*. Fernwood Press, Südafrika.

Carruthers, J. & Stiebel, L. (Hrsg.), 2012. *Thomas Baines: Exploring Tropical Australia 1855 to 1857*. National Museum of Australia Press, Canberra.

Dristas, L., 2010. *Zambesi: David Livingstone and Expeditionary Science in Africa*. I.B. Taurus, London.

Goyder, D. J., 2016. *Localities of plants collected by Thomas Baines on the Baines-Chapman expedition to Lake Ngami and Victoria Falls 1861–1863*. *Kew Bulletin* 71 (3), S. 1–8.

Livingstone, D. & Livingstone, C., 1865. *Narrative of an Expedition to the Zambesi and Its Tributaries: and the Discovery of the Lakes Shirwa and Nyassa, 1858–1864*. John Murray, London.

Lord, W. B. & Baines, T., 1868–1871. *Shifts and Expedients of Camp Life, Travel & Exploration*. Horace Cox, London.

McAleer, J., 2012. *The case of Thomas Baines, curator-explorer extraordinaire, and the display of Africa in nineteenth-century Norfolk*, S. 17–36, in S. Longair & J.

McAleer (Hrsg.). *Curating Empire. Museums and the British Imperial experience*. Manchester University Press, Manchester.

Stevenson, M. (Hrsg.), 1999. *Thomas Baines: an artist in the service of science in southern Africa. Paintings from the collections of the Royal Geographical Society (with IBG), Royal Botanic Gardens, Kew and The Natural History Museum, London*. Christie's International Media Division, London.

Wallis, J. P. R., 1941. *Thomas Baines of King's Lynn, Explorer and Artist, 1820–1875*. Cape (reprinted 1982, Bulawayo, Books of Zimbabwe, with new introduction).

Wallis, J.P.R. (Hrsg.), 1946. *The Northern Goldfields Diaries of Thomas Baines*. Chatto & Windus, London.

JOSEPH BANKS S. 46–55

Agnarsdóttir, A. (Hrsg.), 2016. *Joseph Banks, Iceland and the North Atlantic 1772–1820: Journals, Letters and Documents*. Hakluyt Society, London.

Baber, Zaheer, 1996. *The Science of Empire: Scientific Knowledge, Civilization, and Colonial Rule*. India State University of New York, Albany, NY.

Banks, Joseph, 1807. Some Hints respecting the proper Mode of inuring Tender Plants to our Climate. *A Journal of Natural Philosophy, Chemistry, and the Arts* 18 (1807), S. 186–189.

Gascoigne, J., 2003. *Joseph Banks and the English Enlightenment*. Cambridge University Press, Cambridge, 23.

Koerner, L. 1999. *Linnaeus: Nature and Nation*. Harvard University Press, Cambridge, MA.

O'Brian, P., 1987. *Joseph Banks: A Life*. Collins Harvill, London.

Smith, Edward, 1911. *The Life of Sir Joseph Banks*. John Lane, London.

Turner, S., 1999. A History Lesson: Captain Cook Finds Himself in the State of Nature, in Alex Calder, Jonathan Lamb, and Bridget Orr (Hrsg.) *Voyages and Beaches: Pacific Encounters, 1769–1840*, S. 89–99. University of Hawai'i Press, Honolulu.

Zilberstein, Anya, 2015. Inured to empire: wild rice and climate change, *William and Mary Quarterly* 72, S. 127–158.

WILLIAM BARTRAM S. 36–45

Bartram, W., 1791. *William Bartrams Reisen durch Nord- und Süd-Karolina, Georgien, Ost- und West-Florida*. Hrsg.: Zimmermann, Eberhard et al. Berlin: Voss.

Bartram, W., 1789. Observations on the Creek and Cherokee Indians. *Historical Society of Pennsylvania: Bartram Papers*.

Darlington, W., 1843. *Reliquiae Baldwinianae Selections from the Correspondence of the Late William Baldwin*. M.D. Philadelphia.

Ord, G., 1832. Biographical Sketch of William Bartram, in J. and T. Doughty, *Cabinet of Natural History and American Rural Sports*, 2, Philadelphia.

HENRY WALTER BATES S. 182–191

Bates, H. W., 1862. Contributions to an insect fauna of the Amazon valley (Lepidoptera: Heliconidae). *Transactions of the Linnean Society of London*, 23, S. 495–556.

Bates, H. W., 1863. *Am Amazonas : Leben der Tiere, Sitten und Gebräuche der Bewohner, Schilderung der Natur unter dem Äquator und Abenteuer während eines elfjährigen Aufenthalts*. Nördlingen: Greno 1989.

Hemming, J., 2015. *Naturalists in Paradise:Wallace, Bates and Spruce in the Amazon*. Thames & Hudson, London.

Wallace, A. R., Bates, H.W., 1892. The Naturalist of the Amazons (Obituary). *Nature*, 45, S. 398–399.

FERDINAND BAUER S. 88–97

Mabberley, D., 1999. *Ferdinand Bauer: The Nature of Discovery*. Merrell Holberton and the Natural History Museum, London.

Walter Lack, H., 2015. *The Bauers: Joseph, Franz & Ferdinand: Masters of Botanical Illustration: An Lllustrated Biography*. Prestel, Munich and London.

MARK CATESBY S. 16–25

Catesby, M., 1731–1743 [1720–1747]. *Die Beschreibung von Carolina, Florida und den Bahamischen Inseln*. Aus dem Engl. von G. L. Huth. Nürnberg: Seligmann. 1755.

Frick, G. F. & Stearns, R. P., 1961. *Mark Catesby: the Colonial Audubon*. University of Illinois Press, Urbana. GB 117, Royal Society Archives, London.

Jarvis, C. E., Carl Linnaeus and the influence of Mark Catesby's botanical work, in Elliott & Nelson (Hrsg.), *The Curious Mister Catesby*.

Laird, M., 1998. From callicarpa to catalpa: the impact of Mark Catesby's plant introductions on English gardens of the eighteenth century, in: Meyers and Beck Pritchard (Hrsg.), *Empire's Nature*, S. 184–227.

McBurney, H., 1997. *Mark Catesby's Natural History of America: the Watercolours from the Royal Library of Windsor Castle*. Merrell Holberton Publishers, London. Manuscript records of the meetings of the Council of the Royal Society, II, 324, Royal Society Archives, London.

Meyers, A. R. W., & Beck Pritchard, M. (Hrsg.), 1998. *Empire's Nature: Mark Catesby's New World Vision*. University of North Carolina Press, Chapel Hill.

Nelson, E. C., & Elliott, D. J. (Hrsg.), 2015. *The Curious Mister Catesby: A 'truly ingenious' naturalist explores new worlds*. The University of Georgia Press, Georgia.

O'Malley, T., 1998. Mark Catesby and the culture of gardens, in: Meyers and Beck Pritchard (Hrsg.), *Empire's Nature, S.* 147–183.

Overstreet, L. K., 2014. The dates of the parts of Mark Catesby's The Natural History of Carolina (London, 1731–1743 [1729–1747]), *Archives of Natural History*, (41), S. 362–364.

Radcliffe Trust Manuscripts, MS C.4. Bodleian Library, Oxford.

Sloane's Catalogue of Vegetables and Vegetable Substances, Vol. III, entry number 8, S. 453. Natural History Museum, London.

Sloane Correspondence, MS 4047. British Library, London. William Sherard Correspondence, MS CCLIII, Royal Society Archives, London.

CHARLES DARWIN S. 146–153

Barlow, N. (Hrsg.), 1958. *Mein Leben: 1809–1882. Hrsg. von Nora Barlow*. Mit einem Vorw. von Ernst Mayr. Aus dem Engl. von Christa Krüger. Frankfurt; Leipzig: Insel-Verl. 2008.

Darwin, C. R., 1859. *Die Entstehung der Arten durch natürliche Zuchtwahl oder Die Erhaltung der bevorzugten Rassen im Kampfe ums Dasein:* Mit 1 Bildn. d. Verf. / Charles Darwin. Aus d. Engl. v. David Haek. Leipzig: Reclam 1893.

Humboldt, A. von, 1819–1829. *Personal Narrative of Travels to the Equinoctial Regions of the New Continent during the years 1799–1804*.

Huxley, T. H., 1888. The Gentians: Notes and Queries. *Journal of the Linnean Society* 24, S. 101–124.

Winsor, M. P., 2009. Taxonomy was the foundation of Darwin's evolution. *Taxon* 58, S. 43–49.

HEREWARD DOLLMAN S. 222–231

Bethune-Baker, G. T., 1923. A monograph of the genus *Catochrysops Boisduval* (Auctorum). *Transactions of the Entomological Society of London* 1922, S. 275–366.

Champion, G. C. & Collin, J.E., 1919. The Dollman Collection. *Entomologist's Monthly Magazine* 55, S. 135–136.

Dollman, H. C. 1915. *Glossina morsitans*, Westw.: some notes on the parasitisation of its pupae. *Transactions of the Entomological Society of London* 1915, S. 135–136.

Entomological Research Committee (Tropical Africa), 1909. Instructions to Collectors. London.

Riley, N. D., 1921. Notes on *Rhopalocera* of the Dollman collection. *Transactions of the Entomological Society of London* 69(1–2), S. 234–259.

Scholtz, C. H., 1986. A new species of *Trox Fabricius* (Coleoptera: Trogidae) from Zambia. *The Coleopterists' Bulletin* 40(1), S. 29–31.

Tams, W. H. T., 1930. New Rhodesian Lepidoptera: Heterocera. *Annals of the Magazine of Natural History* 10(6), S. 1–6.

JOHANN FORSTER S. 68–77

Hoare, M. E., 1967. Johann Reinhold Forster: The neglected 'philosopher'of cook's second voyage (1772–1775). *The Journal of Pacific History* 2(1), S. 215–224.

Hoare, M. E. 1976. *The Tactless Philosopher, Johann Reinhold Forster*. Hawthorn Press, Melbourne.

Nicolson, D. H. & Fosberg, F. R., 2003. The Forsters and the botany of the second Cook expedition (1772–1775). *Regnum Vegetabile* 139: Gantner Verlag, Ruggell.

Ortega, J. F., Guerra, A. S., Romeiras, M. M., Carine, M. A., Pinto, L. S. & Duarte, M. C., 2015. The botany of the three voyager of Captain James Cook In Macaronesia: an introduction. *Revista de la Academia Canaria de Ciencias (Folia Canariensis Academiae Scientiarum)* 27, S. 357–410.

MARGARET ELIZABETH FOUNTAINE S. 200–209

Cater, W. F. (Hrsg.), 1980. *Love among the Butterflies: The Travels and Adventures of a Victorian Lady*. Collins, London.

Cater, W. F. (Hrsg.), 1986. *Butterflies and Late Loves*. Collins, London.

Scott-Stokes, N., 2006. *Wild and Fearless: The Life of Margaret Fountaine*. Peter Owen, London.

Waring, S., 2015. Margaret Fountaine: a lepidopterist remembered. *Notes and Records of the Royal Society of London* 2015 Mar 20; 69(1), S. 53–68. Published online 2015 Jan 21. doi: 10.1098/rsnr.2014.0063.

JOHN GOULD S. 136–145

Datta, A., 1997. *John Gould in Australia. Letters and Drawings. With a Catalogue of Manuscripts, Correspondence and Drawings relating to the Birds and mammals of Australia held in The Natural History Museum, London*. Miegunyah Press, Carlton South.

Fisher, C. & Calaby, J. H. ; R. C. Willan (Hrsg.), 2009. The top of the top end: John Gilbert's manuscript notes for John Gould on vertebrates from Port Essington and Cobourg Peninsula (Northern Territory, Australia); with comments on specimens collected during the settlement period 1838 to 1849, and subsequently. *The Beagle, Records of the Museums and Art Galleries of the Northern Territory*. Supplement 4. Gould commemorative issue [corresponding with the centenary of Gould's arrival in Australia]: *Emu* 38 1938: October 1938, S. 89–244.

Gould, J., 1837–1838. *A Synopsis of the Birds of Australia and the Adjacent Islands*. Published by the author, London. Gould, J., 1837–1838. *The Birds of Australia and the Adjacent Islands*. Published by the author, London.

Gould, J., 1838–1841. 'Birds, described by John Gould, with a notice of their habits and ranges, by Charles Darwin, and with an anatomical appendix, by T.C. Eyton, in C. Darwin (Hrsg.), *The Zoology of the voyage of H.M.S. Beagle, under the command of Captain Fitzroy during the years 1832 to 1836*. Pt. 3. Smith, Elder and Co., London.

Gould, J., 1840–1848. *The Birds of Australia*. Published by the Author, London. 7 v. 36 pts 600 pls.; 1851–1869. Supplement. Published by the Author, London. 5 pts. 81 pls.; 1989–1996. Facsimile edition. 7v. + Suppl. Hill House, Melbourne.

Gould, J., 1841–1842. *A Monograph of the Macropodidae, or Family of Kangaroos*. Published by the Author, London.

Gould, J., 1845–1863. *The Mammals of Australia*. Published by the Author, London.

Gould, J., 1848. *An Introduction to the Birds of Australia*. Published by the Author, London.

Gould, J., 1863. *An Introduction to the Mammals of Australia*. Published by the Author, London.

Gould, J., 1865. *Handbook to the Birds of Australia*. Published by the Author, London.

Gould, J., 1983. *The Mammals of Australia. Incorporating the 3 original volumes, with modern notes by J.M. Dixon*. Macmillan, Melbourne.

Jenkins, C. F. H., 1983. *John Gould and the Birds of Australia. A summary of Gould's work in Australia and a history of the League which bears his name*. Gould League of Western Australia.

Lambourne, M., 1987. *John Gould – Bird Man*. Osberton Productions, Milton Keynes.

Sauer, G. C., 1982. *John Gould the Bird Man. A Chronology and Bibliography*. Henry Sotheran, London.

Tree, I., 1991. *The Ruling Passion of John Gould. A Biography of the Bird Man*. Barrie & Jenkins, London.

BRIAN HOUGHTON HODGSON S. 126–135

Abel, C., 1826. On the supposed unicorn of the Himalayas. *Philosophical Magazine* 68, S. 234.

Allen, C., 2015. *The Prisoner of Kathmandu*. Haus Publishing, London. Arnold, D., 2004. Hodgson, Hooker and the Himalayan frontier, 1848–1850, S. 189–205, in: Waterhouse, D.M. (Hrsg.), 2004. *The Origins of Himalayan Studies. Brian Houghton Hodgson in Nepal and Darjeeling 1820–1858*. RoutledgeCurzon, London.

Cocker, M. & Inskipp, C., 1988. *A Himalayan Ornithologist – the Life and Works of Brian Houghton Hodgson*. Oxford University Press, Oxford.

Datta, A., 2004. Brian Hodgson and the mammals and other animals of Nepal, S. 154–171, in: Waterhouse, D.M. (Hrsg.), 2004. *The Origins of Himalayan studies. Brian Houghton Hodgson in Nepal and Darjeeling 1820–1858*. RoutledgeCurzon, London.

Datta, A. & Inskipp, C., 2004. Zoology ... amuses me much, S. 134–153, in: Waterhouse, D.M. (Hrsg.), 2004. *The Origins of Himalayan studies. Brian Houghton Hodgson in Nepal and Darjeeling 1820–1858*. RoutledgeCurzon, London.

Desmond, R., 1999. *Sir Joseph Hooker Traveller and Plant Collector*. Antique Collectors' Club with The Royal Botanic Gardens, Kew, Woodbridge.

Dickinson, E. C., 2006. Systematic notes on Asian birds. 52. An introduction to the bird collection of Brian Houghton Hodgson, 1801–1894. *Zoologische mededelingen* 80–5, S. 125–136.

Dickinson, E. C. & Walters, M., 2006. Systematic notes on Asian birds. 53. The authorship and date of publication of the "Catalogue of the specimens and drawings of Birds of Nepal and Thibet presented by B.H. Hodgson, Esq. to the British Museum". *Zoologische mededelingen* 80–5, S. 137–153.

Dickinson, E. C. & Walters, M., 2006, Systematic notes on Asian birds. 54. Comments on the names proposed by Hodgson (1845) and their priority. *Zoologische mededelingen* 80–5, S. 155–167.

Gray, J. E., 1863. *Catalogue of the Specimens and Drawings of Mammals, Birds, Reptiles and Fishes of Nepal and Tibet, presented by B.H. Hodgson Esq to the British Museum* (2nd edn.). British Museum, London.

Gray, J. E. & Gray, G. R., 1847 (1846). *Catalogue of the Specimens and Drawings of Mammalia and Birds of Nepal and Thibet, presented by B.H. Hodgson, Esq. to the British Museum*. British Museum, London.

Hodgson, B. H., 1826. Indian rhinoceros. *Philosophical Magazine* 68, S. 234–235.

Hodgson, B. H., 1826. On the supposed unicorn of the Himalayas. *Philosophical Magazine* 68, S. 232–234.

Hodgson, B. H. 1829. On a new species of *Buceros* (*B. nipalensis*). *Gleanings in Science* 1 (9), S. 249–252.

Hunter, W., 1896. *Life of Brian Houghton Hodgson, British Resident at the Court of Nepal*. John Murray, London.

Inskipp, C., 2004. A pioneer of Himalayan ornithology, S. 172–188, in: Waterhouse, D.M. (Hrsg.), 2004. *The Origins of Himalayan studies. Brian Houghton Hodgson in Nepal and Darjeeling 1820–1858*. RoutledgeCurzon, London.

Waterhouse, D. M. (Hrsg.), 2004. *The Origins of Himalayan Studies. Brian Houghton Hodgson in Nepal and Darjeeling 1820–1858*. RoutledgeCurzon, London.

JOSEPH HOOKER S. 154–161

Bynum, H. & Bynum, W., 2017. *Botanical Sketchbooks*. Thames & Hudson, London. Desmond, R., 1999. *Sir Joseph Dalton Hooker. Traveller and Plant Collector*. Antique Collectors' Club Ltd, Woodbridge.

Endersby, J., 2008. *Imperial Nature. Joseph Hooker and the Practice of Victorian Science*. The University of Chicago Press, Chicago.

Hooker, J. D., 1854. *Himalayan Journals, or Notes of a Naturalist in Bengal, the Sikkim and Nepal Minalayas, the Kahsia Mountains, &c.* John Murray, London.

Hooker, J. D., 1849–1851. *The Rhododendrons of Sikkim-Himalaya*. Reeve, Benham and Reeve, London.

Huxley, L., 1918. *Life and Letters of Sir Joseph Dalton Hooker*. John Murray, London.

Joseph Hooker Correspondence, JDH/1 – JDH/4. The Royal Botanic Gardens, Kew Archives, London.

Letter from Darwin, C. R. to Hooker, J. D. on [5 or 12 Nov 1845], MS DAR 114, S 45. The University of Cambridge, Cambridge.

Secord, A., 2002. Botany on a Plate. Pleasure and the power of pictures in promoting early nineteenth century scientific knowledge. *ISIS*, 93, S. 28–57.

ALEXANDER VON HUMBOLDT S. 78–87

Faak, M., Vorwort, 1986. S. 27–35 in: Faak, M. (Hrsg.), *Alexander von Humboldt. Reise auf dem Rio Magdalena, durch die Anden und Mexico*. Teil 1: Texte. Berlin (= Beiträge zur Alexander-von-Humboldt-Forschung 8). Fiedler, H. & Leitner, U. (Hrsg.), 2000. *Alexander von Humboldts Schriften. Bibliographie der selbständig erschienenen Werke*. Berlin (= Beiträge zur Alexander-von-Humboldt-Forschung 20).

Lack, H. W., 2018. *Alexander von Humboldt and the Botanical Exploration of America* (3rd edn.). Munich.

McIntyre, L. A., 2000. *Die amerikanische Reise. Auf den Spuren Alexander v. Humboldts* (5th edn.). Hamburg.

Savoy, B. & Blankenstein, D. (Hrsg.), 2014. *Les Frères Humboldt, l'Europe de l' Esprit*. Paris.

NIKOLAUS JOSEPH JACQUIN S. 26–35

Chambers, N. (Hrsg.), 2000. *The Letters of Sir Joseph Banks. A Selection, 1768–1820*. Singapore.

Klemun, M. & Hühnel, H., 2017. *Nikolaus Joseph Jacquin (1727–1817) – ein Naturforscher (er)findet sich*. Göttingen.

Kronfeld, E. M., 1911. Der Schönbrunner botanische Garten im Jahre 1799. *Arch. Gesch. Naturwiss. Technik* 3, S. 330–356.

Madriñán, S., 2013. *Nikolaus Joseph Jacquin's American plants. Botanical Expedition to the Caribbean (1754–1759) and the publication of the Selectarum Stirpium Americanarum Historia.* Leiden.

Zedinger, R., 2009. "Kaiserliche Wunschliste": Die Instruktion für Nikolaus Joseph Jacquin. *Jahrb. Österr. Ges. Erforsch. Achtzehnten Jahrh.* 23, S. 293–297.

CONRAD MARTENS S. 116–125

de Vries-Evans, S., 1993. *Conrad Martens on the Beagle and in Australia.* Pandanus Press, Australia.

Ellis, E.,1994. *Conrad Martens Life and Art.* State Library of New South Wales Press, Australia.

MARIA SIBYLLA MERIAN S. 6–15

Beer, W. D., 1974. 'Maria Sibylla Merian and the natural sciences', in: *Maria Sibylla Merian: Leningrader Aquarelle, II.* Edition Leipzig, Leipzig.

Deckert, H., 2002. *Das Insektenbuch. Metamorphosis insectorum Surinamensium* [Commentary]. Insel, Frankfurt.

Harvey, J., 2006. *Maria Sibylla Merian: The Surinam Album.* The Folio Society, London.

Rice, T., 2008. *Der verzauberte Blick : das Naturbild berühmter Expeditionen aus drei Jahrhunderten* / Texte von Anthony Rice. Aus dem Engl. übers. von Fred Schmitz München : Frederking und Thaler 2004.

Rücker, E. & Stearn, W. T., 1982. *Maria Sibylla Merian in Surinam*: Commentary. Pion Limited, London.

Touzel, S. G., 2016. 'Merian' in: *Rare Treasures.* Natural History Museum, London.

SYDNEY PARKINSON S. 56–67

Carr, D. J. (Hrsg.), 1983. *Sydney Parkinson: Artist of Cook's Endeavour Voyage.* British Museum (Natural History), London.

Diment, J. A. et al., 1984. Catalogue of the natural history drawings commissioned by Joseph Banks on the Endeavour voyage 1768–1771 held in the British Museum (Natural History). Pt.1: Botany: Australia. *Bulletin of the British Museum (Natural History). Historical series*, v.11.

Diment, J. A. et al., 1987. Catalogue of the Natural History Drawings Commissioned by Joseph Banks on the Endeavour Voyage 1768–1771 Held in the British Museum (Natural History). Pt.2: Botany: Brazil, Java, Madeira, New Zealand, Society Islands and Tierra del Fuego. *Bulletin of the British Museum (Natural History). Historical series*, v.12.

Miller, W. F., 1911. Sydney Parkinson and his drawings. *The Journal of the Friends' Historical Society*, vol.8, no.3.

Parkinson, S., 1773. *A Journal of a Voyage to the South Seas in His Majesty's Ship the Endeavour [1768–1871, under the command of Captain James Cook], faithfully transcribed from the papers of the late Sydney Parkinson draughtsman to Joseph Banks, Esq. on his late expedition, with Dr. Solander, round the World / [c Embellished with views and designs, delineated by the Author, and engraved by capital Artists.* Stanfield Parkinson, London.

Wheeler, A., 1986. Catalogue of the Natural History Drawings Commissioned by Joseph Banks on the Endeavour Voyage 1768–1771, Held in the British Museum (Natural History). Pt. 3: Zoology. *Bulletin of the British Museum (Natural History). Historical series*, v.13.

CHARLES WYVILLE THOMSON S. 192–199

Linklater E., 1974. *The Voyage of the Challenger.* Cardinal, London, S. 288ff.

Redfern P., 1888. Sir Charles Wyville Thomson, F.R.SS. L. and E. *Proceedings of the Royal Society of Edinburgh* 14, S. 58–80.

Thomson C. W., 1874. *The Depths of the Sea: an account of the general results of the dredging cruises of H.M.SS. 'Porcupine' and 'Lightning' during the summers of 1868–1870, under the scientific direction of Dr. Carpenter, F.R.S., J.Gwyn Jeffreys, F.R.S., and Dr. Wyville Thomson, F.R.S.* MacMillan and Co, London.

Thomson C. W., 1881. *Report on the scientific results of the voyage of H.M.S. Challenger during the years 1873–1876, under the command of Captain George S. Nares and Captain Frank Turle [sic] Thomson: Zoology*, Vol. 1. Printed for H.M.S.O., London, S. 248ff.

Thomson, C. W., 1877. *The voyage of the "Challenger". The Atlantic. A preliminary account of the general results of the exploring voyage of H.M.S. "Challenger" during the year 1873 and the early part of the year 1876.* Macmillan & Co, London. Vol. 1 & 2.

ALFRED RUSSEL WALLACE S. 172–181

Darwin, C., 1859. *Die Entstehung der Arten.* Hrsg. von Paul Wrede und Saskia Wrede. Weinheim: Wiley-VCH-Verl. 2013.

Knapp, S., 2013. *Alfred Russel Wallace in the Amazon: Footsteps in the Forest.* Natural History Museum, London.

Wallace, A. R., 1858. *On the Tendency of Varieties to Depart Indefinitely from the Original Type*, letter to Charles Darwin.

Wallace, A. R., 1886. *The Malay Archipelago: the land of the orang-utan and the bird of paradise; a narrative of travel, with studies of man and nature.* Macmillan, London.

Wallace, A. R., 1905. *My Life: A Record of Events and Opinions.* Vol. 1 & 2. Chapman & Hall, Ltd., London.

THOMAS WATLING S. 98–105

Nelson, C. E., 1970. John White's 'Journal of a Voyage to new South Wales' (London 1790): bibliographic notes. *Archives of Natural History.* Vol.25, no. 1, 1998, S. 109–130.

Rienits, R. 1963. *Early Artists of Australia.* Angus & Robertson, Sydney.

Smith, B. & Wheeler, A. (Hrsg.), 1988. *The Art of the First Fleet, and other early Australian drawings.* Oxford University Press, Melbourne and Oxford.

Smith, B., 1985. *European Vision and the South Pacific* (2nd edn.). Yale University Press, New Haven and London.

State Library of New South Wales, *Eora: mapping aboriginal Sydney 1770–1850.* State Library of New South Wales, Sydney, 2006.

Watling, T. 1793. *Letters from an Exile at Botany Bay to his Aunt in Dumfries.* Ann Bell, Penrith.

White, J., 1962. *Journal of a voyage to New South Wales; with a biographical introduction by R. Rienits, Hrsg. von A. H. Chisholm et al.* Angus and Robertson, Sydney.

Worgan, G. B., 1978. *Journal of a First Fleet surgeon.* Library Council of New South Wales in association with the Library of Australian History, Sydney.

EDWARD ADRIAN WILSON S. 210–221

Cherry-Garrard, 1922. *Die schlimmste Reise der Welt : die Antarktis-Expedition 1910 – 1913.* Aus dem Engl. von Simon Michelet. München: Malik, 2013.

Mayer, W., (Hrsg.), 2017. *History of Geoscience: Celebrating 50 Years of INHIGEO.* GSL Special Publications.

Seaver, G., 1933. *Edward Wilson of the Antarctic: Naturalist and Friend.* John Murray Publishers Ltd, London.

Riffenburgh, B., 2010. *Report on The Scott Exhibition Research Project of the Natural History Museum and the Scott Polar research Institute.* Unpublished, London.

Wilson, C. J. & Wilson, D. M., 2011. *Edward Wilson's Antarctic Notebooks.*

Wilson, D. M. & Wilson, C. J., 2004. *Edward Wilson's Nature Notebooks.*

DETAILS ZU DEN ABBILDUNGEN

JOHN JAMES AUDUBON S. 106–115

S. 107, Flamingo, *Phoenicopterus ruber*, Tafel 431, John James Audubon, *The Birds of America*, London, 1827–1838.

S. 108, Amerikanischer Bison (weibl., jung und männl.), *Bos americanus*, Tafel 57, John James Audubon und John Bachman, *The viviparous quadrupeds of North America* Vol 2, New York, 1845–1854.

S. 109, Truthuhn, *Meleagris gallopavo*, Tafel 6, John James Audubon, *The Birds of America*, London, 1827–1838.

S. 111, Wandertaube, *Ectopistes migratorius*, Tafel 62, John James Audubon, *The Birds of America*, London, 1827–1838.

S. 113, Schlangenhalsvogel, *Anhinga anhinga*, Tafel 316, John James Audubon, *The Birds of America*, London, 1827–1838.

S. 114 Papageientaucher, *Fratercula arctica*, Tafel 213, John James Audubon, *The Birds of America*, London, 1827–1838.

THOMAS BAINES, S. 162–171

S. 163, Baines Album, Tafel 154, Aquarell; 37,8 x 26,5 cm.

S. 164, Atelier-Porträt, Druck.

S. 165, Baines Album, Tafel 101, Aquarell und Bleistift, 27,3 x 38,2 cm.

S. 167 links, Baines Album, Tafel 155, Aquarell und Bleistift, 39 x 28 cm.

S. 167 rechts, Baines Album, Tafel 1, Aquarell, 39,2 x 28,6 cm.

S. 169, Baines Album, Tafel 4, Aquarell und Bleistift, 19,5 x 28,6 cm.

S. 170, Baines Album, Tafel 126, Aquarell und Bleistift, 27,3 x 38,3 cm.

JOSEPH BANKS, S. 46–55

S. 47, Ananas, *Ananas sativas*, aus einer Sammlung von Georg Dionysius Ehret (1708–1770). In Besitz der Botanik-Bibliothek des Natural History Museum, London. (NHM Asset ID 3210).

S. 49, George Stubbs, »The Kongouro from New Holland« Royal Museums Greenwich; 1772, Öl auf Mahogany, 605 x 715 mm. Objekt-ID ZBA5754.

S. 51, Benjamin West, Portrait von Joseph Banks, 1771, 234 x 160 cm, Usher Gallery, Lincolnshire.

S. 52, Brotfrucht, *Artocarpus* sp. Tafel 826 aus der Kollektion von John Reeves, botanische Zeichnungen von Canton, China. In Besitz der Botanik-Bibliothek des Natural History Museum, London (NHM Asset ID 2640).

S. 54, Neuseelandflachs, *Phormium tenax*. Ein Aquarell skizziert von Sydney Parkinson auf der *Endeavour*-Reise und anschließend von Frederick Nodder fertiggestellt. (NHM Asset ID 5290).

S. 55, Banks Herbarium und Bibliothek in Soho Square (NHM Asset ID 2398).

WILLIAM BARTRAM, S. 36–45

S. 37, Bartrams Rosenenzian, *Sabatia bartramii*, und Pfauenspinner, *Eacles imperiali*, Aquarell, 1774, 380 x 243 mm.

S. 38, Gefleckte Schildkröte, *Clemmys guttata*, und Milchschlange, *Lampropeltis triangulum*, oder Kornnatter, *Elaphe guttata*, Aquarell, 1769, 238 x 298 mm.

S. 41, Franklinia, *Franklinia alatamaha*, Aquarell 1788, 478 x 354 mm.

S. 42–43, Amerikanischer Lotus und Samenkapsel, *Nelumbo lutea*, Tinte und Aquarell, 1767, 398 x 300 und 238 x 292 mm.

S. 44, Kanadakranich, *Grus Canadensis pratensis*, Tinte und Aquarell, 1774, 270 x 220 mm.

FERDINAND BAUER S. 88–97

S. 89, Blaues Nadelkissen, *Brunonia australis*, Aquarell, 1805–1812.

S. 91, links, Banks' Rotblühende Silbereiche, *Grevillea banksia*, Aquarell, 1805–1812.

S. 91, rechts, Westaustralische Kannenpflanze, *Cephalotus follicularis*, Aquarell, 1805.

S. 92, Schwertlilie, *Iris germanica*, John Sibthorp, *Flora Graeca*, Band 1, London, 1806–1807.

S. 95, links, Wombat, *Vombatus ursinus*, Aquarell, 1805–1814.

S. 95, rechts, Koala, *Phascolarctos cinereus*, Aquarell, 1805–1814.

S. 97, Ringsittich, *Barnardius zonarius*, Aquarell, 1805–1814.

MARK CATESBY S. 16–25

S. 17, Flamingo, *Phoenicopterus bahamensis*, und Koralle, *The Natural History of Carolina, Florida and the Bahama Islands*, Band 1, Tafel 73.

S. 19, Der Kopf des größten Kammreihers mit Insekten, *Ardea cristata maxima americana*, *The Natural History of Carolina, Florida and the Bahama Islands*, Band 2, Appendix, Tafel 110.

S. 20, Der Kakaobaum, *Cacao arbor*, *The Natural History of Carolina, Florida and the Bahama Islands*, Band 2, Anhang, Tafel 6.

S. 22, »The pigeon-plum«, *Certasus latiore folio: fructu racemoso purpureo majore*, und die Raupe der Königsmotte, *Eruca maxima cornuta*, *The Natural History of Carolina, Florida and the Bahama Islands*, Band 2, Tafel 94.

S. 23, eine überlebende Gemüsesubstanzprobe mit der Nummer 8424 und beschrieben als »The pigeon plum« in Sloane's *Catalogue of Vegetables and Vegetable Substances*, Band 3, Natural History Museum, London.

S. 24, Hornviper, *Anguis e caeruelo & albo varius*, und die rote Lilie, *Lilium Carolinianum, flore croceo punctato, petalis longioribus & angustoribus*, *The Natural History of Carolina, Florida and the Bahama Islands*, Band 2, Tafel 58.

S. 25, der Wasserfrosch, *Rana aquatica; Sarracena, foliis brevioribus latioribus Sarracena Canadensis, foliis cavis & auritis*, *The Natural History of Carolina, Florida and the Bahama Islands*, Band 2, Tafel 70. Identifiziert als Südlicher Leopardenfrosch und Nördliche Kannenpflanze.

JOHN GOULD S. 136–145

S. 137. Inka-Kakadu, *Cacatua leadbeateri*, Tafel von J. Gould und H.C. Richter, Farblithografie, 550 x 370 mm

S. 138, Finkenvögel, *Poephila mirabilis*, Farblithografie, 550 x 370 mm

S. 140, Rotes Känguru, *Osphranter rufus*, Tafel von H.C. Richter aus *Monograph of the Macropodidae*, Farblithografie, 370 x 550 mm

S. 142, links, Bänderparadiesvogel, *Semioptera wallacii*, Farblithografie, 550 x 370 mm

S. 142, rechts, Goldflügel-Honigfresser, *Phylidonyris pyrrhopterus*, Farblithografie, 550 x 370 mm

S. 144, Gilbert-Kaninchenkänguru, *Potorous gilbertii, von* J. Gould, *Mammals of Australia*, Band 2, handkolorierte Lithografie, 375 mm x 547 mm.

S. 145 Blauohr-Honigfresser, *Entomyzon cyanotis*, von J, Gould, *Birds of Australia*, Band 4, pt ii, pl. 68, handkolorierte Lithografie, 544 mm x 365 mm.

BRIAN HOUGHTON HODGSON S. 126–135

S. 127, Bartgeier, *Gypaetus barbatus*, Aquarell, 378 x 276 mm

S. 128, Kleiner Panda, *Ailurus fulgens*, Aquarell und Bleistift, 288 x 472 mm

S. 129, Chinesisches Schuppentier, *Manis pentadactyla*, Aquarell und Bleistift, 284 x 472 mm.

S. 130, Himalaja-Fischuhu, *Ketupa flavipes*, Aquarell, 540 x 361 mm.

S. 133, Fleckenlinsang, *Prionodon pardicolor*, Aquarell und Bleistift, 285 x 472 mm.

S. 134, Ohrfasan, *Crossoptilon crossoptilon*, Aquarell und Bleistift, 476 x 285 mm.

NIKOLAUS JOSEPH JACQUIN S. 26–35

S. 27, *Plumeria alba* L., Anonym, Aquarell in N. J. Jacquin, *Selectarum stirpium americanarum historia*, Hrsg. 2., t. 38. Vienna, c. 1780. London, Natural History Museum, Bibliothek und Archiv.

S. 28, *Anacardium occidentale* L., Anonym, Aquarell in N. J. Jacquin, *Selectarum stirpium americanarum historia*, Hrsg. 2., t. 121. Vienna, c. 1780. London, Natural History Museum, Bibliothek und Archiv.

S. 31, *Hymenocallis littoralis* (Jacq.) Salisb., Anonym, Aquarell in N. J. Jacquin, *Selectarum stirpium americanarum historia*, Hrsg. 2., t. 101. Vienna, c. 1780. London, Natural History Museum, Bibliothek und Archiv.

S. 32, links, *Rajana cordata* L., gesammelte Probe für das Herbarium von N. J. Jacquin in Santo Domingo. London, Linnean Society, Herbarium J. E. Smith.

S. 32, rechts, Komposition zeigt Bewohner der Karibik, die ein Tuch halten. Anonyme Gravur in N. J. Jacquin, *Selectarum stirpium americanarum historia*, Hrsg. 1. Vienna, c. 1763. London, Natural History Museum, Bibliothek und Archiv.

S. 33, *Caracara cheriway* Jacquin, 1784. Anonymer farbiger Stich. J. F. Jacquin, *Beyträge zur Geschichte der Vögel*, t. 4. Vienna, 1784. London, Natural History Museum, Bibliothek und Archiv.

S. 35, Tafel mit verschiedenen Pflanzenteilen, u. a. Nr. 38, eine Frucht der *Hylocereus trigonus* (Haw.) Saff. Anonymes Aquarell in N. J. Jacquin, *Selectarum stirpium americanarum historia*, Hrsg. 2., t. 260. Vienna, c. 1780. London, Natural History Museum, Bibliothek und Archiv.

ALEXANDER VON HUMBOLDT S. 78–87

S. 79, *Meriania speciosa* (Bonpl.) Naud. Farbstich von L. Boucquet nach S. J. F. Turpin. Aimé Bonpland, *Monographie Melastomacearum* 2: t. 4. Paris, 1806. London, Natural History Museum, Bibliothek und Archiv.

S. 80, links, Friedrich Georg Weitsch, Alexander von Humboldt, Öl auf Leinwand, 1806. Berlin, Nationalgalerie, Inv. Nr. A II 828.

S. 80, rechts, *Acineta superba* (Kunth) Rchb. f. Anonymer Kupferstich basierend auf A. von Humboldt. Carl Sigismund Kunth, *Nova genera et species plantarum*, Band 1, t. 93, Paris, 1816. London, Natural History Museum, Bibliothek und Archiv.

S. 82, Die aztekische Göttin des Maises. Berlin, Ethnologisches Museum, Inv. Nr. IV Ca 2.

S. 83, Chimborazo, Blick von der Ebene von Tapia her. Farbstich basierend auf A. v. Humboldt. Alexander v. Humboldt, Vues des Cordillères et monuments des Peuples indigènes de l'Amérique, t. 25. Paris, 1811. London, Natural History Museum, Bibliothek und Archiv.

S. 85, Balsaholz-Floß auf dem Guayaquil-Fluss. Kolorierter Kupferstich basierend auf A. v. Humboldt, S. F. J. Turpin und S. A. Poiteau. Alexander v. Humboldt, Vues des Cordillères et monuments des Peuples indigènes de l'Amérique, t. 63, Paris, 1813. London, Natural History Museum, Bibliothek und Archiv.

S. 86, Schwarzgesicht-Uakari, *Cacajao melanocephala*, Humboldt, 1812. Anonymer kolorierter Kupferstich basierend auf A. v. Humboldt. Alexander v. Humboldt & Aimé Bonpland, Recueil d'observations de zoologie, 1: t. 29, Paris, 1811. London, Natural History Museum, Bibliothek und Archiv.

S. 87, Rechnung für die Lieferung von Truthähnen. Aztec manuscript – Berlin, Staatsbibliothek, Handschriftenabteilung, MS. Amer. 1, f. 7, Fragment 15.

EDWARD ADRIAN WILSON S. 210–221

S. 211, Tafel 11, Gemälde von Edward Wilson, Köpfe von Kaiserpinguinen, *Eudyptes schlegeli*, und Gelbaugen-Pinguinen, *Megadyptes antipodes*, von Wilson (1907) in Band 2, *National Antarctic Expedition 1901–1904*.

S. 212, links, Bleistiftzeichnung eines Kaninchens von Edward Wilson (wahrscheinlich in Glendoe im Frühling 1907 gezeichnet) aus einer Kollektion von Bleistift- und Aquarellzeichnungen Britischer Säugetiere. Nr. 326. Lagomorpha (Kaninchen und Hasen) c. 1890. 1910. Natural History Museum Library.

S. 212, rechts, Tafel 4, Gemälde von Edward Wilson, gezeichnet nach einem erfrorenen Kaiserpinguinküken, das auf der *Discovery*-Expedition bei Cape Crozier auf dem Eis gefunden wurde, von Wilson (1907) in Band 2, *National Antarctic Expedition 1901–1904*.

S. 214, Tafel 1, Gemälde von Edward Wilson. Brutkolonie von Kaiserpinguinen bei Cape Crozier, nach einer Skizze, die im September 1907 gemacht wurde, Blick nach Osten entlang der Klippen der Ross's Great Ice Barrier, von Wilson (1907) in Band 2, *National Antarctic Expedition 1901–1904*.

S. 215, Holotypie von *Ostrelata wilsoni*, 1902 gesammelt von Edward Wilson in Trinidad und beschrieben von Richard Bowdler Sharpe. BMNH 1905.12.30.141.

S. 217, präparierte Moorschneehühner, *Lagopus lagopus scotica*, Natural History Museum, gesammelt und präpariert durch Edward Wilson während der Erforschung der Schneehuhnkrankheit.

S. 218, links, Gemälde von Edward Wilson, Farbvarianten des Schwarzdelfins, *Lagenorhynchus obscurus*, aus Edward Wilsons *Terra Nova Skizzenbuch*, Natural History Museum Library.

S. 219, vier Fotografien im Abstand von 90 Grad von einem der drei Kaiserpinguineier, die von Edward Wilson gesammelt wurden, Henry Bowers und Apsley Cherry Garrard auf der Winterreise nach Cape Crozier in 1911. BMNH 1916.9.8.1

S. 220, drei Diapositive von Kaiserpinguinembryos, gesammelt von Edward Wilson, Henry Bowers und Apsley Cherry Garrard auf der Winterreise nach Cape Crozier in 1911.

BILDNACHWEIS

S. 32 (rechts) © The Linnean Society of London; S. 49 © National Maritime Museum, Greenwich, London; S. 50 © Lincoln County Council, Usher Gallery, Lincoln, UK/Bridgeman Images; S. 70 © Porträt von Dr. Johann Reinhold Forster und seinem Sohn George Forster, 1780 von Jean François Rigaud (1742–1810), Öl auf Leinwand, Kollektion: National Portrait Gallery, Canberra, erworben mit Mitteln der Liangis Familie, der Ian Potter Foundation und John Schaeffer AO 2009; S. 71 Johann Heinrich Wilhelm Tischbein [Public domain], via Wikimedia Commons; S. 80 (links) © bpk/Nationalgalerie, SMB/Karin März; S. 82 © bpk/Ethnologisches Museum, SMB/Martin Franken; S. 87 © bpk/Staatsbibliothek zu Berlin; S. 117 © Caroline Simpson Library & Research Collection, Foito © Jamie North, Sydney Living Museums; S. 119 Conrad Martens (1801–1878) [Public domain], via Wikimedia Commons; S. 120 © Queensland Sketches, c.1851 (Mitchell Picture Library of New South Wales); S. 122 © Sydney Living Museums; S. 124 © Paul D Stewart/Science Photo Library; S. 148 George Richmond [Public domain], via Wikimedia Commons; S. 155, 158–159, 160 © Bild wurde reproduziert mit freundlicher Genehmigung des Kuratoriums der Royal Botanic Gardens, Kew, Kew; S. 201, 202, 203, 208 © Norwich Castle Museum & Art Gallery/Norfolk Museums Service

Sofern nicht anders angegeben, liegen die Urheberrechte der Bilder beim Natural History Museum, London.

Es wurden alle Anstrengungen unternommen, alle Urheberrechte vollständig und richtig anzugeben. Falls uns Fehler unterlaufen sind, entschuldigen wir uns. Korrekturen nehmen wir für zukünftige Ausgaben und Nachdrucke gerne entgegen.